초등 입학 전후, 즐거운 공부 기억을 만드는 시간!

7살 첫수학

③ 100까지 수의 덧셈 뺄셈

벌써 알아요!

KB191722

이지스에듀

지은이 **징검다리 교육연구소, 강난영**

징검다리 교육연구소는 바쁜 친구들을 위한 빠른 학습법을 연구하는 이지스에듀의 공부 연구소입니다. 아이들이 기계적으로 공부하지 않도록, 두뇌가 활성화되는 과학적 학습 설계가 적용된 책을 만듭니다.

강난영 선생님은 영역별 연산 훈련 교재로, 연산 시장에 새바람을 일으킨 《바쁜 5·6학년을 위한 빠른 연산법》, 《바쁜 중1을 위한 빠른 중학연산》, 《바쁜 초등학생을 위한 빠른 구구단》, 《바쁜 초등생을 위한 빠른 분수》, 《EBS 초등수학》을 기획하고 집필한 저자입니다. 또한, 20년이 넘는 기간 동안 디딤돌, 한솔교육, 대교에서 초중등 콘텐츠를 연구, 기획, 개발해 왔습니다.

그린이 **차세정**

인터넷 웹툰 〈츄리닝 소녀 차차〉, 〈차차 좋아지겠지〉, 〈차차 나아지겠지〉 등을 연재하며 많은 사람들의 사랑을 받은 작가입니다. 현재는 두 딸의 엄마가 되어, 아이들이 놀이하듯 즐겁게 공부하길 바라며 이 책의 그림을 그렸습니다.

감수 **김진호**

서울교육대학교, 한국교원대학교, 미국 Columbia University에서 수학교육학으로 각각 학사, 석사, 박사 학위를 취득하고 현재는 대구교육대학교 수학교육과에서 교수로 재직 중입니다. 2007, 2009, 2015 개정 교육과정 초등수학과 집필을 담당했습니다.

이 책을 함께 만든 7살, 8살 친구들 이다온, 이다원, 조서연, 황연서
어린이의 눈높이에 맞추어 구성하도록, 이 책이 나오기 전에 문제를 미리 풀어 준 친구들입니다.

7살 첫 수학 – **3** 100까지 수의 덧셈 뺄셈

초판 1쇄 발행 2020년 5월 8일
초판 11쇄 발행 2025년 2월 18일
지은이 징검다리 교육연구소, 강난영 그린이 차세정 감수 김진호
발행인 이지연

펴낸곳 이지스퍼블리싱(주)　　　　　　　　출판사 등록번호 제313-2010-123호
주소 서울시 마포구 잔다리로 109 이지스빌딩 5층(우편번호 04003)
대표전화 02-325-1722　　　　　　　　　　팩스 02-326-1723
이지스퍼블리싱 홈페이지 www.easyspub.com　이지스에듀 카페 www.easysedu.co.kr
바빠 아지트 블로그 blog.naver.com/easyspub　인스타그램 @easys_edu
페이스북 www.facebook.com/easyspub2014　이메일 service@easyspub.co.kr

기획 및 책임 편집 조은미, 정지연, 박지연, 김현주, 이지혜 문제 검수 유미정(부천 아름솔어린이집 원장), 전수민
표지 및 내지 디자인 이유경, 정우영 인쇄 명지북프린팅
영업 및 문의 이주동, 김요한(support@easyspub.co.kr) 마케팅 라혜주 독자 지원 박애림, 김수경

잘못된 책은 구입한 서점에서 바꿔 드립니다.
이 책에 실린 모든 내용, 디자인, 이미지, 편집 구성의 저작권은 이지스퍼블리싱(주)과 지은이에게 있습니다. 허락 없이 복제할 수 없습니다.

ISBN 979-11-6303-154-3
ISBN 979-11-6303-135-2 (세트)
가격 8,000원

• **이지스에듀**는 이지스퍼블리싱의 교육 브랜드입니다.
(이지스에듀는 학생들을 탈락시키지 않고 모두 목적지까지 데려가는 책을 만듭니다!)

연산 과정을 눈으로 확인하는 수직선 학습법!
7살에 필요한 수 감각을 익히며 덧셈 뺄셈을 배워요!

7살에 적합한 연산 훈련 방법은 따로 있어요! 이 책은 '100까지 수의 덧셈 뺄셈'을 다루지만 수직선을 이용하므로 쉽게 풀 수 있습니다. 구체물(바둑돌이나 동물 그림)에서 수 연산으로 쉽게 넘어가는 징검다리 역할을 해줄 수 있는 것이 바로 '수직선'이기 때문이지요.

수직선을 이용한 '이어 세기'와 '거꾸로 세기'로 덧셈 뺄셈 과정을 눈으로 직접 확인하게 해주세요. 특히 이 책은 동물 친구들과 함께 수직선 앞뒤로 화살표를 그리며 연산 과정을 머릿속에서 시각화시킬 수 있어 매우 효과적이에요.

✅ '이어 세기' 전략으로 큰 수의 덧셈을 쉽게 익혀요!

7살 아이들은 '100까지의 수 세기'에 익숙합니다. 그러므로 '수 세기'를 이용한 덧셈 과정을 눈으로 직접 볼 수 있다면, 덧셈을 쉽게 이해할 수 있겠죠? 이 책에서는 '21+2'는 21에서 두 칸 앞으로 뛰어 23에 도착하는 수직선 그림을 통해 덧셈의 개념을 익힙니다.

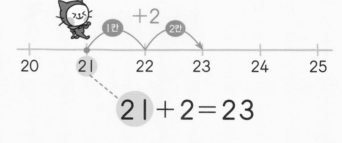

✅ '거꾸로 세기' 전략으로 큰 수의 뺄셈도 쉽게 익혀요!

아이들은 덧셈보다는 뺄셈을 어려워합니다. 그러나 수직선에서 '거꾸로 세기'로 계산하면 뺄셈도 쉽게 익힐 수 있습니다. '25-2'는 25에서 두 칸 뒤로 뛴 수인 23이라는 것을 수직선을 거꾸로 뛰는 동물 친구를 눈으로 보며 확인할 수 있으니까요.

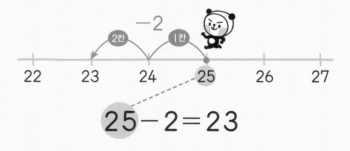

✅ 다양한 놀이를 통해 '수 감각'을 키워 주세요!

초등 수학에서 중요한 학습 목표 중 하나는 수 감각을 발달시키는 것이에요. 수 감각은 타고난 능력이 아니라 다양한 경험을 통해 발달시킬 수 있답니다. 생활이나 놀이 속 연산은 수 감각을 키우는 데 매우 좋은 방법이며, 수학적 사고력을 기르는 데 도움이 됩니다. 날짜별 마지막 쪽에 제시된 '수 감각 놀이'를 통해 수학을 생활 속에 적용해 보세요!

그리고 가장 중요한 한 가지! 7살 아이에게 공부를 강요하고 다그치면 아이는 공부를 싫어하게 됩니다. 공부하는 시간이 행복한 기억이 되도록 격려와 칭찬을 아끼지 말아 주세요!

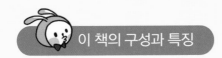

이 책의 구성과 특징

이 책으로 놀이하듯 공부하면 개념을 바탕으로 한 덧셈 뺄셈을 할 수 있습니다.

1 1단계 - 그림과 수직선으로 개념 익히기
수직선에서 뛰어노는 캐릭터를 보며 개념을 익힙니다.
'수 세기'만 할 줄 알면 덧셈 뺄셈을 익힐 수 있어요.

2 2단계 - 맞는 것 고르기
어떤 수가 맞을까? 아이들이 직접 수직선 위에
화살표를 그리고 ○ 하면서 맞는 것을 골라요.

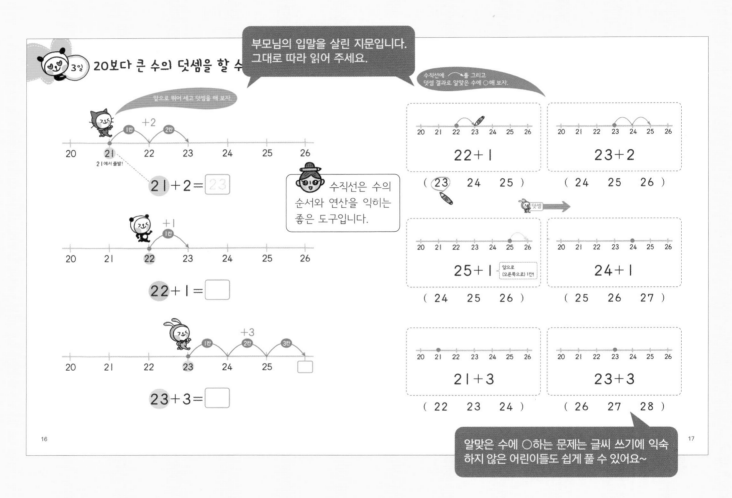

큰 수의
덧셈 뺄셈도
벌써 알아요!

우리 딸
최고!

너 정말
멋지다!

부모님, 이렇게 칭찬해 주세요!
칭찬은 아이들 자존감 형성의 기본!
7살 첫 수학, 공부 기술을 가르치기보
다 공부의 즐거움을 맛보게 해주세요!

3 3단계 – 빈칸 채워 직접 써 보기

이제는 빈칸에 직접 써 봅니다. 아이가 직접 빈칸에 하나하나 수를 쓸 수 있도록 기다려 주세요.

4 4단계 – 수 감각을 키워 주는 놀이하기

생활과 놀이 속에서 다양한 수를 경험하며 '수 감각'을 키울 수 있어요!

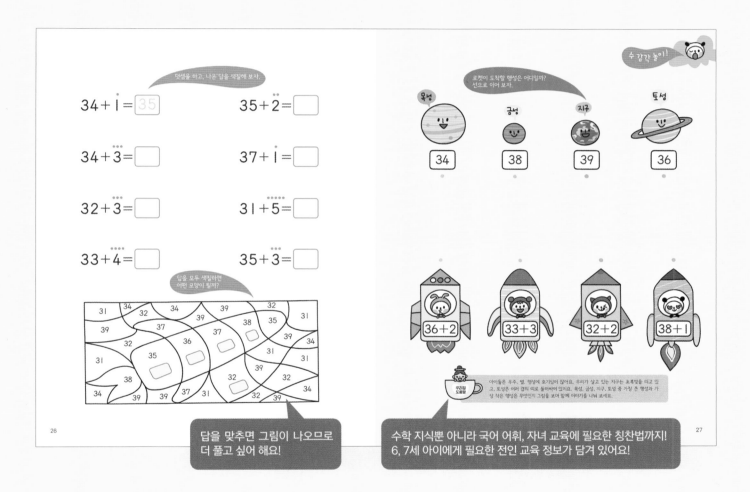

답을 맞추면 그림이 나오므로 더 풀고 싶어 해요!

수학 지식뿐 아니라 국어 어휘, 자녀 교육에 필요한 칭찬법까지! 6, 7세 아이에게 필요한 전인 교육 정보가 담겨 있어요!

2권을 먼저 공부한 다음 이 책을 풀도록 지도해 주세요!

3권은 2권의 복습이 되도록 과학적으로 설계했습니다. 21+2, 25−2는 1+2, 5−2와 덧셈 뺄셈의 원리가 같습니다. 따라서 2권을 공부했다면 3권은 앞의 수가 커졌을 뿐, 쉽게 풀어낼 수 있습니다. 이 책은 '20까지 수의 덧셈 뺄셈'으로 수직선 학습법의 기초를 다진 다음 풀게 해주세요.

차 례

첫째 마당 | 50까지 수의 덧셈, 벌써 알아요!

1일   10보다 큰 수의 덧셈을 할 수 있어요

2일   20에 몇을 더할 수 있어요

3일   20보다 큰 수의 덧셈을 할 수 있어요 (1)

4일   20보다 큰 수의 덧셈을 할 수 있어요 (2)

5일   30보다 큰 수의 덧셈을 할 수 있어요

6일   40보다 큰 수의 덧셈을 할 수 있어요

7일   섞어서 연습해 봐요

둘째 마당 | 50까지 수의 뺄셈, 벌써 알아요!

8일   10보다 큰 수의 뺄셈을 할 수 있어요

9일   20보다 큰 수에서 뺄 수 있어요 (1)

10일   20보다 큰 수에서 뺄 수 있어요 (2)

11일   30보다 큰 수에서 뺄 수 있어요

12일   40보다 큰 수에서 뺄 수 있어요

13일   20, 30, 40, 50에서 뺄 수 있어요

14일   섞어서 연습해 봐요

셋째 마당 | 100까지 수의 덧셈 뺄셈, 벌써 알아요!

15일   덧셈 뺄셈 기초 — 50부터 100까지의 수 연습

16일   50보다 큰 수의 덧셈을 할 수 있어요

17일   70보다 큰 수의 덧셈을 할 수 있어요

18일   50보다 큰 수의 뺄셈을 할 수 있어요

19일   70보다 큰 수의 뺄셈을 할 수 있어요

20일   섞어서 연습해 봐요

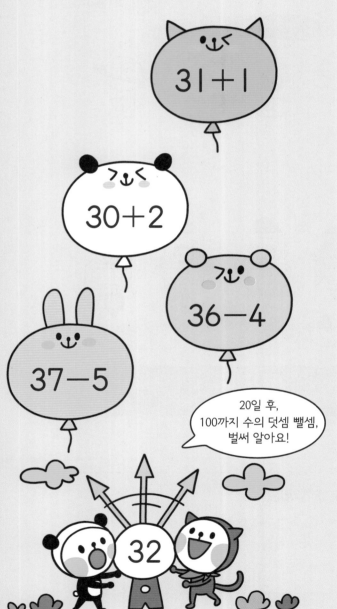

20일 후,
100까지 수의 덧셈 뺄셈,
벌써 알아요!

첫째 마당

50까지 수의 덧셈, 벌써 알아요!

첫째 마당에서는 덧셈이 필요한 상황을 그림으로 먼저 쉽게 이해할 수 있어요. 그런 다음 수직선을 이용한 '이어 세기'로 덧셈의 원리를 익혀 봅니다.

수직선을 이용한 '이어 세기'가 점차 익숙해지면 그림 없이 덧셈을 할 수 있도록 작은 수부터 연습시켜 주세요!

'순서대로 수 세기'를 연습하면 좋아요.

덧셈을 시작하기 전, 1부터 50까지의 수 세기를 두세 번 연습하면 좋아요. 수가 커지는 대로 수 세기를 하면 수 감각이 발달하여 '22+1'은 22 다음 수인 23을 금세 알아내고, '23+2'는 23 다음부터 24, 25를 이어 세어 25라는 것을 알게 되니까요.

그림을 보고 덧셈식으로 나타내 보자.

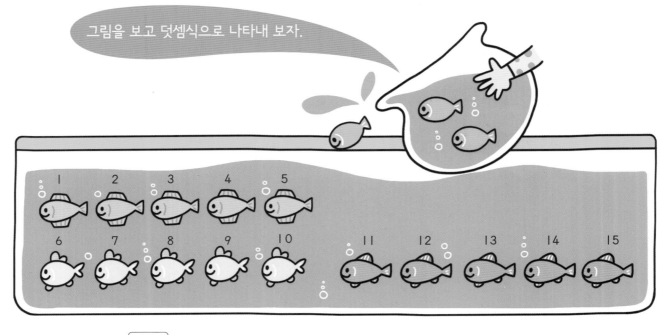

쓰기 15 + 3 = 18   읽기 15 더하기 3은 18

더하기

십오 더하기 삼은 십팔

쓰기 20 + ☐ = ☐   읽기 20 더하기 5는 25

더하기

이십 더하기 오는 이십오

8

그림을 보고 덧셈식을 완성해 보자.

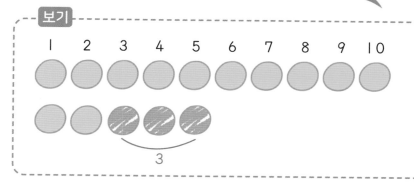

보기

|1|2|3|4|5|6|7|8|9|10|

더하기
$12+3=\boxed{15}$

|1|2|3|4|5|6|7|8|9|10|

2

$13+\boxed{2}=\boxed{}$

|1|2|3|4|5|6|7|8|9|10|

3

$16+\boxed{3}=\boxed{}$

|1|2|3|4|5|6|7|8|9|10|

2

$20+\boxed{}=\boxed{}$

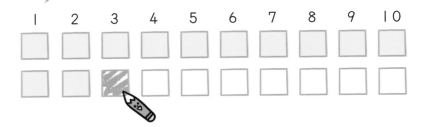

| 1 | 2 | 3 | 4 | 5 | 6 | 7 | 8 | 9 | 10 |

$12+1=\boxed{13}$

| 1 | 2 | 3 | 4 | 5 | 6 | 7 | 8 | 9 | 10 |

2만큼 색칠해 봐~

$15+2=\boxed{}$

| 1 | 2 | 3 | 4 | 5 | 6 | 7 | 8 | 9 | 10 |

3만큼 색칠해 봐~

$14+3=\boxed{}$

| 1 | 2 | 3 | 4 | 5 | 6 | 7 | 8 | 9 | 10 |

$21+5=\boxed{}$

그림을 보고 덧셈식을 완성해 보자.

$$13 + 2 = \boxed{}$$

$$11 + \boxed{} = \boxed{}$$

$$20 + \boxed{} = \boxed{}$$

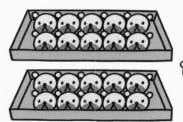

$$22 + \boxed{} = \boxed{}$$

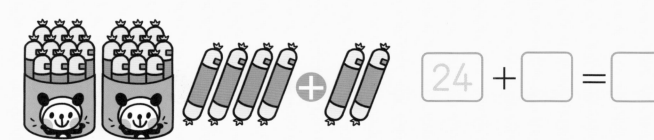

$$24 + \boxed{} = \boxed{}$$

2일 20에 몇을 더할 수 있어요

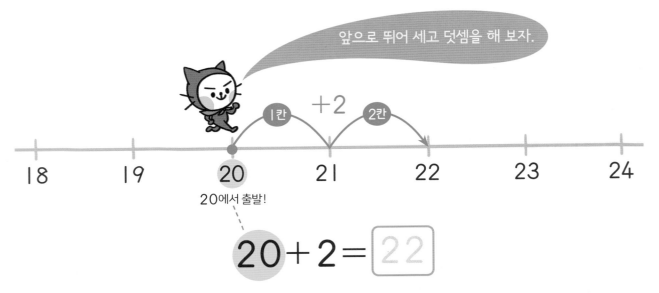

앞으로 뛰어 세고 덧셈을 해 보자.

20에서 출발!

$20 + 2 = \boxed{22}$

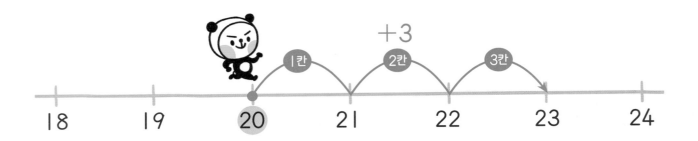

$20 + 3 = \boxed{}$

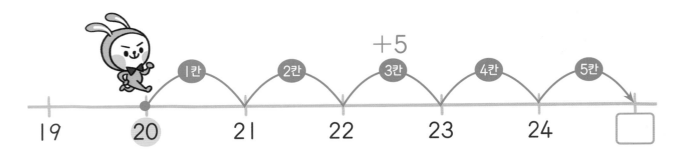

$20 + 5 = \boxed{}$

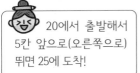
20에서 출발해서 5칸 앞으로 (오른쪽으로) 뛰면 25에 도착!

수직선에 ⌒→를 그리고
덧셈 결과로 알맞은 수에 ○해 보자.

삐뚤빼뚤 그려도 괜찮아요.
더하는 수만큼 앞으로(오른쪽으로)
화살표를 그려 봐요.

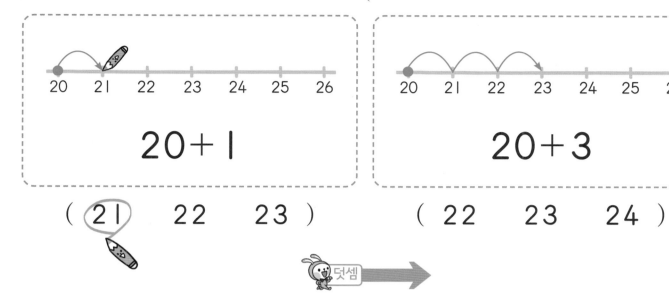

20+1

(21   22   23)

20+3

(22   23   24)

덧셈 →

20+2 앞으로
(오른쪽으로) 2칸!

(21   22   23)

20+4

(22   23   24)

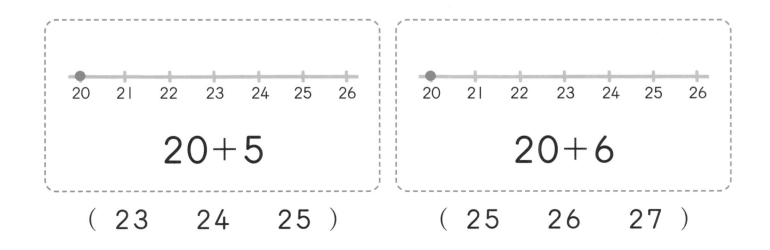

20+5

(23   24   25)

20+6

(25   26   27)

20 다음에 21 → 21

$20 + 1 = \boxed{21}$

$20 + 3 = \boxed{}$

20 다음에 21, 22 → 21 22

$20 + 2 = \boxed{}$

$20 + 5 = \boxed{}$

$20 + 4 = \boxed{}$

$20 + 6 = \boxed{}$

$20 + 7 = \boxed{}$

1부터 30까지의 수를
순서대로 이어 봐~

$20 + 9 = \boxed{}$

$20 + 8 = \boxed{}$

14

덧셈을 하고 알맞은 색으로
동물들을 색칠해 보자.

 25

 26

 27

 28

20보다 큰 수의 덧셈을 할 수 있어요 (1)

앞으로 뛰어 세고 덧셈을 해 보자.

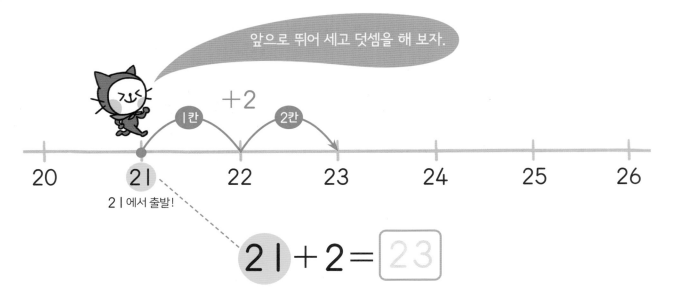

$21+2=\boxed{23}$

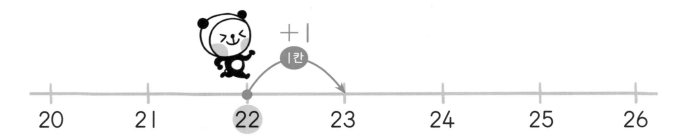

$22+1=\boxed{}$

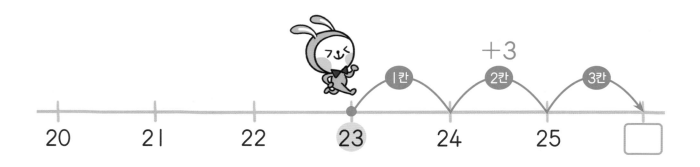

$23+3=\boxed{}$

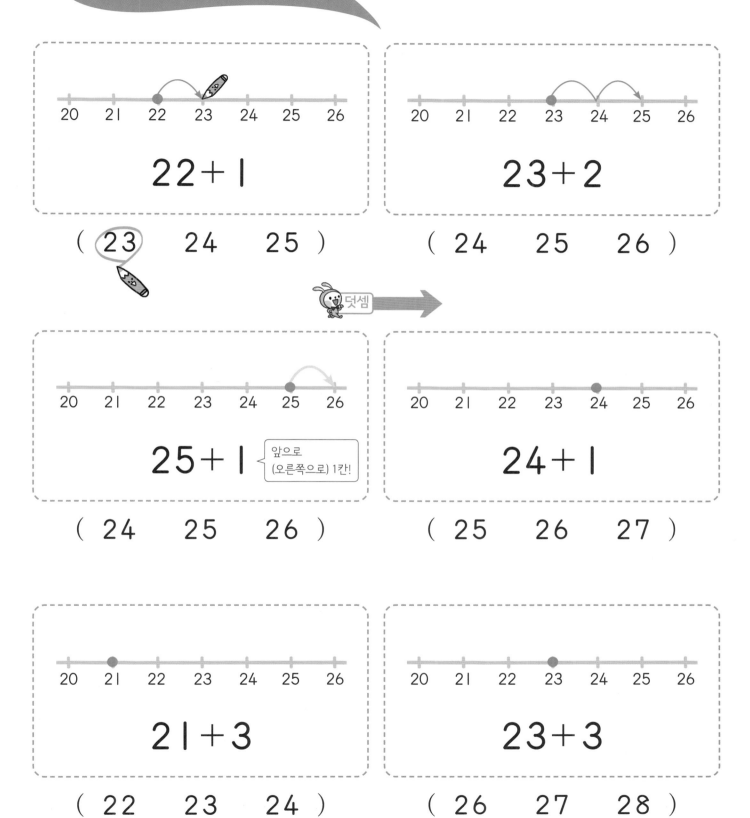

22+1

(㉓ 24 25)

23+2

(24 25 26)

덧셈 ➡

25+1 앞으로
(오른쪽으로) 1칸!

(24 25 26)

24+1

(25 26 27)

21+3

(22 23 24)

23+3

(26 27 28)

21 다음에 22 > 22

$$21 + \overset{\bullet}{1} = \boxed{22}$$

$$23 + \overset{\bullet}{1} = \boxed{}$$

25 다음에 26,27 > 26 27

$$25 + \overset{\bullet\bullet}{2} = \boxed{}$$

$$22 + \overset{\bullet\bullet}{2} = \boxed{}$$

$$21 + \overset{\bullet\bullet}{2} = \boxed{}$$

$$24 + \overset{\bullet\bullet}{2} = \boxed{}$$

$$22 + \overset{\bullet\bullet\bullet}{3} = \boxed{}$$

$$21 + \overset{\bullet\bullet\bullet}{3} = \boxed{}$$

$$22 + \overset{\bullet\bullet\bullet\bullet}{4} = \boxed{}$$

$$23 + \overset{\bullet\bullet\bullet\bullet}{4} = \boxed{}$$

21부터 30까지의 수를 순서대로 써 보자.

21 | 22 | 23 | 24 | 25 | 26 | 27 | 28 | 29 | 30

동물 친구들이 받을 택배는 무엇일까?
선으로 이어 보자.

어떤 택배가
왔을까?

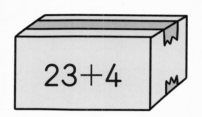

23+4

25

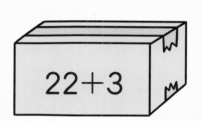

22+3

26

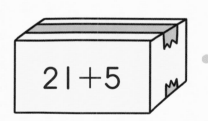

21+5

27

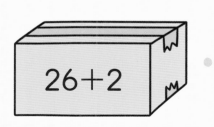

26+2

우리 집은
몇 호인지 써 봐.

19

20보다 큰 수의 덧셈을 할 수 있어요 (2)

앞으로 뛰어 세고 덧셈을 하세요.

21에서 출발!

$$21+5=\boxed{26}$$

더하는 수가 커지면 계산할 때 실수하기 쉬워요. 수직선을 하나하나 짚어 가면서 이어 세기를 해 봐요.

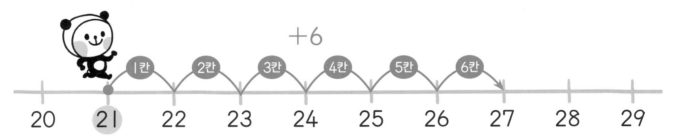

$$21+6=\boxed{}$$

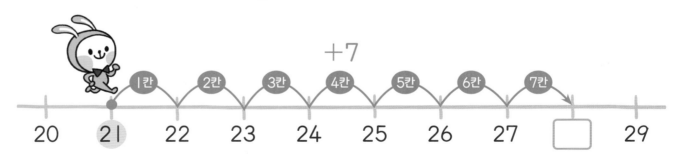

$$21+7=\boxed{}$$

더해지는 수가 21로 같을 때, 더하는 수가 1씩 커지면 답도 1씩 커져요.

수직선에 ⌒➔를 그리고
덧셈 결과로 알맞은 수에 ○해 보자.

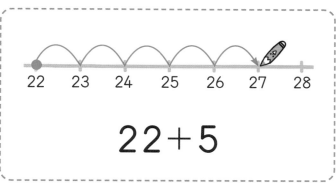

22+5

(26   27   28)

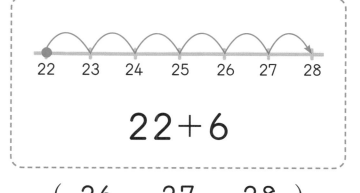

22+6

(26   27   28)

덧셈

23+5

앞으로
(오른쪽으로) 5칸!

(28   27   29)

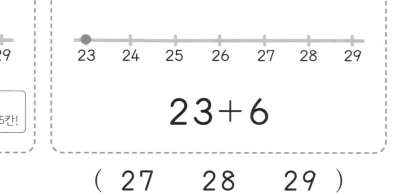

23+6

(27   28   29)

21 22 23 24 25 26 27 28 29 30

21+8

(25   27   29)

21 22 23 24 25 26 27 28 29 30

23+7

(28   29   30)

덧셈을 하고, 나온 답을 색칠해 보자.

$22+5=$ ☐ $21+5=$ ☐

$21+7=$ ☐ $21+6=$ ☐

$24+5=$ ☐ $21+8=$ ☐

$22+6=$ ☐ $22+7=$ ☐

답을 모두 색칠하면
어떤 모양이 될까?

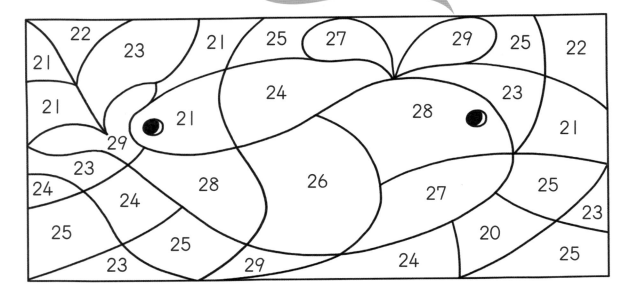

깃발의 수가 같은 친구끼리
선으로 이어 보자.

21+5

23+6

22+5

21+7

26

27

28

29

앞으로 뛰어 세고 덧셈을 해 보자.

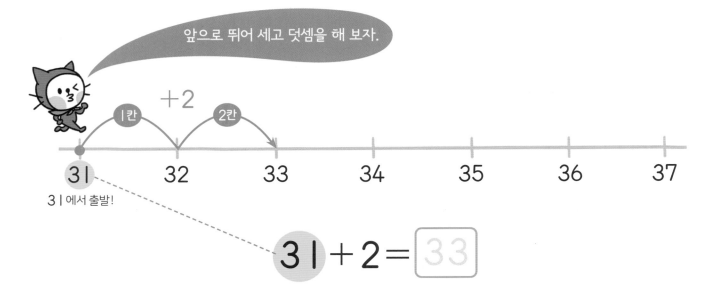

31에서 출발!

$$31 + 2 = \boxed{33}$$

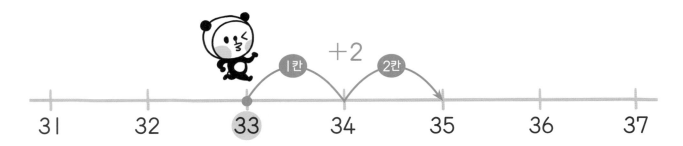

$$33 + 2 = \boxed{}$$

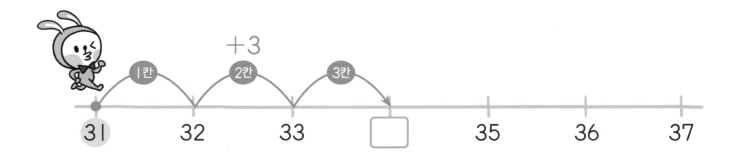

$$31 + 3 = \boxed{}$$

24

수직선에 ⌒→를 그리고
덧셈 결과로 알맞은 수에 ○해 보자.

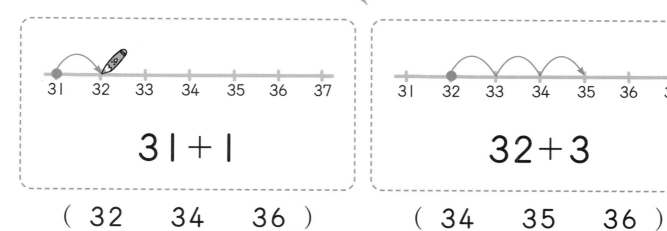

31 + 1

(32   34   36)

32 + 3

(34   35   36)

 덧셈 →

34 + 2   앞으로
(오른쪽으로) 2칸!

(36   37   38)

31 + 4

(33   35   37)

33 + 3

(36   37   38)

35 + 2

(35   36   37)

$34 + \overset{\cdot}{1} = \boxed{35}$ $35 + \overset{\cdot\cdot}{2} = \boxed{}$

$34 + \overset{\cdots}{3} = \boxed{}$ $37 + \overset{\cdot}{1} = \boxed{}$

$32 + \overset{\cdots}{3} = \boxed{}$ $31 + \overset{\cdots\cdots}{5} = \boxed{}$

$33 + \overset{\cdots\cdot}{4} = \boxed{}$ $35 + \overset{\cdots}{3} = \boxed{}$

답을 모두 색칠하면
어떤 모양이 될까?

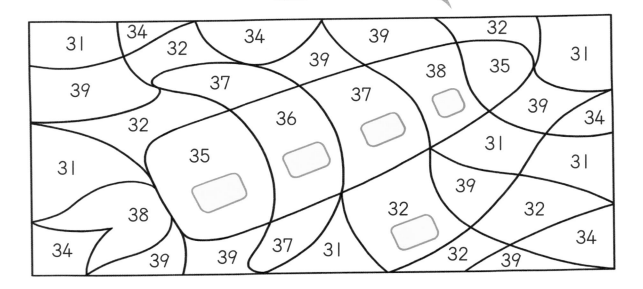

로켓이 도착할 행성은 어디일까?
선으로 이어 보자.

목성

금성

지구

토성

34	38	39	36

36+2

33+3

32+2

38+1

우리집
도움말

아이들은 우주, 별, 행성에 호기심이 많아요. 우리가 살고 있는 지구는 초록빛을 띠고 있고, 토성은 여러 겹의 띠로 둘러싸여 있지요. 목성, 금성, 지구, 토성 중 가장 큰 행성과 가장 작은 행성은 무엇인지 그림을 보며 함께 이야기를 나눠 보세요.

6일 40보다 큰 수의 덧셈을 할 수 있어요

앞으로 뛰어 세고 덧셈을 해 보자.

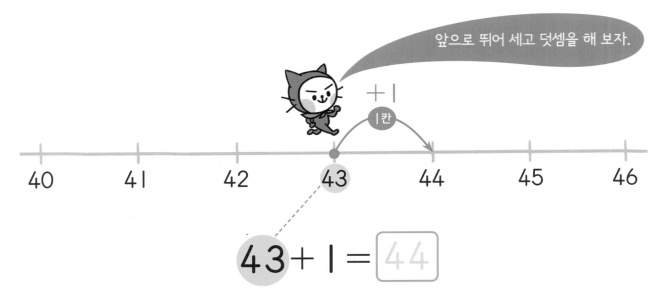

$$43 + 1 = \boxed{44}$$

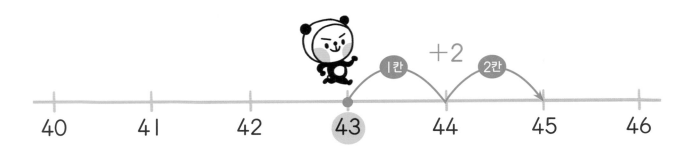

$$43 + 2 = \boxed{}$$

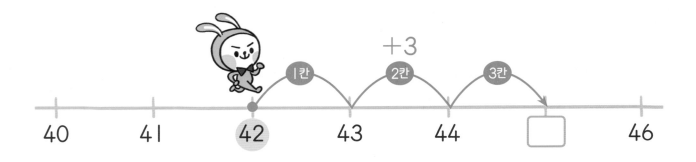

$$42 + 3 = \boxed{}$$

수직선에 ⌒→를 그리고
덧셈 결과로 알맞은 수에 ○해 보자.

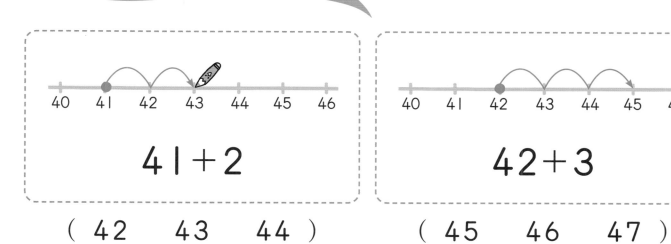

41+2

(42　　43　　44)

42+3

(45　　46　　47)

 덧셈

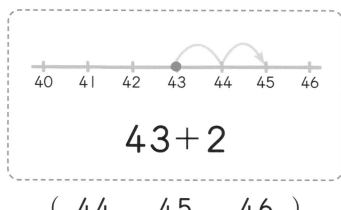

43+2

(44　　45　　46)

43+3

(44　　45　　46)

41+4

(44　　45　　46)

45+1

(44　　45　　46)

덧셈을 해 보자.

43 다음에 44, 45 → 44 45

$$43 + \overset{\cdot\cdot}{2} = \boxed{45}$$

$$46 + \overset{\cdot}{1} = \boxed{}$$

$$44 + \overset{\cdot\cdot\cdot}{3} = \boxed{}$$

$$47 + \overset{\cdot\cdot}{2} = \boxed{}$$

$$48 + \overset{\cdot}{1} = \boxed{}$$

$$42 + \overset{\cdot\cdot\cdot}{3} = \boxed{}$$

$$41 + \overset{\cdot\cdot\cdot\cdot\cdot}{5} = \boxed{}$$

$$45 + \overset{\cdot\cdot}{2} = \boxed{}$$

$$47 + \overset{\cdot\cdot}{2} = \boxed{}$$

$$42 + \overset{\cdot\cdot\cdot\cdot}{4} = \boxed{}$$

41부터 50까지의 수를 순서대로 써 보자.

41 42 43 44 45 46 47 48 49 50

30

수 감각 놀이!

꼬마 에스키모가 이글루에 가는 동안
만나게 될 동물들에 ○해 보자.

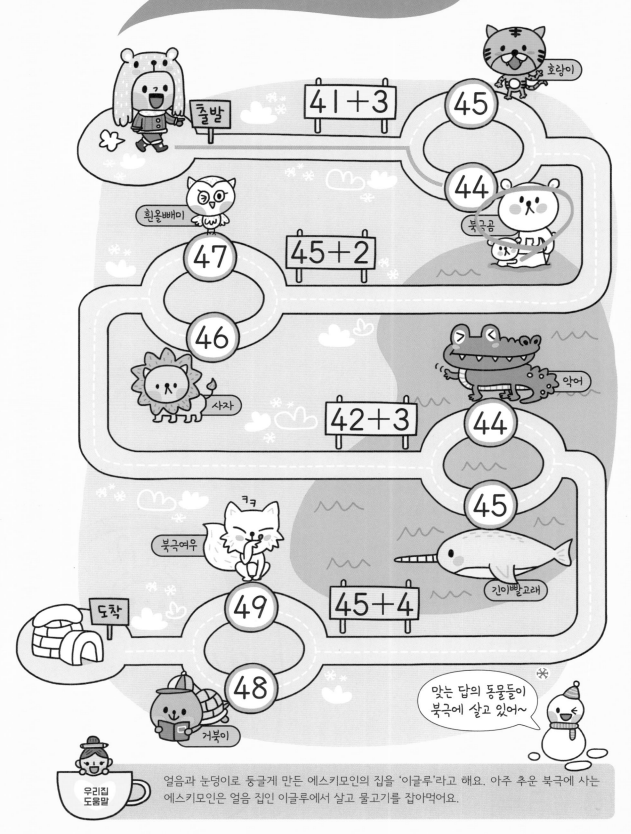

출발

41+3

45   호랑이

흰올빼미

45+2

47   북극곰

46

사자   42+3   악어

44

45

북극여우   ㅋㅋ

49   45+4   긴이빨고래

도착

48   거북이

맞는 답의 동물들이
북극에 살고 있어~

우리집
도움말

얼음과 눈덩이로 둥글게 만든 에스키모인의 집을 '이글루'라고 해요. 아주 추운 북극에 사는
에스키모인은 얼음 집인 이글루에서 살고 물고기를 잡아먹어요.

31

섞어서 연습해 봐요

덧셈을 해 보자.

20+4= ☐   21+4= ☐

22+3= ☐   28+1= ☐

25+1= ☐   22+2= ☐

답이 가장 많이 나온
수에 ○ 해 보자.

20+8= ☐

27+2= ☐

24   28

25

26   29

20+5= ☐

$30+9=\boxed{}$

$36+3=\boxed{}$

$31+8=\boxed{}$

$37+2=\boxed{}$

$32+7=\boxed{}$

$38+1=\boxed{}$

$33+6=\boxed{}$

답을 찾아
○해 보자.

$34+5=\boxed{}$

37   38

39

$35+4=\boxed{}$

35   36

+	21	22	23	24	25
1 →	22	23			

21+1=22

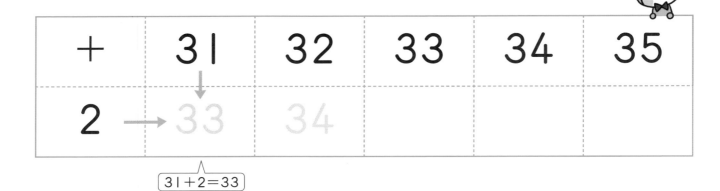

+	31	32	33	34	35
2 →	33	34			

31+2=33

+	41	42	43	44	45
3 →	44	45			

41+3=44

오늘의 공부가 끝나면 아이를 꼭 안고 칭찬해 주세요!
하루의 공부를 끝내면 아이를 꼭 안고 "참 잘했어!" 하며 토닥토닥해 주세요. 스킨십은 아이를 인정하는 따뜻한 칭찬입니다.

우리집 도움말

둘째
마당

50까지 수의 뺄셈,
벌써 알아요!

둘째 마당에서는 뺄셈이 필요한 상황을 그림으로 먼저 쉽게 이해할 수 있어요. 그런 다음 수직선을 이용한 '거꾸로 세기'로 뺄셈의 원리를 익혀 봅니다.

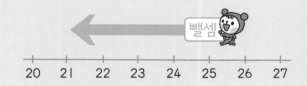

빼셈

| 20 | 21 | 22 | 23 | 24 | 25 | 26 | 27 |

수직선을 이용한 '거꾸로 세기'가 점차 익숙해지면 그림 없이 뺄셈을 할 수 있도록 작은 수부터 연습시켜 주세요!

수직선에서
'거꾸로 수 세기'를
연습하면 좋아요!

뺄셈은 양이 준다는 뜻도 있지만, 위치의 변화를 나타내기도 해요. 수직선에서 빼는 수만큼 왼쪽으로 움직이는 연습을 해보세요. 구체물을 하나씩 세는 단계를 넘어 수식으로 표현된 뺄셈의 세계로 쉽게 넘어가는 징검다리가 됩니다.

10보다 큰 수의 뺄셈을 할 수 있어요

그림을 보고 뺄셈식으로 나타내 보자.

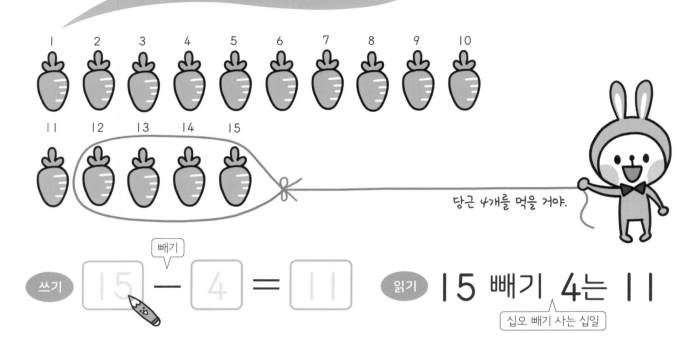

당근 4개를 먹을 거야.

쓰기 15 − 4 = 11   읽기 15 빼기 4는 11

빼기

십오 빼기 사는 십일

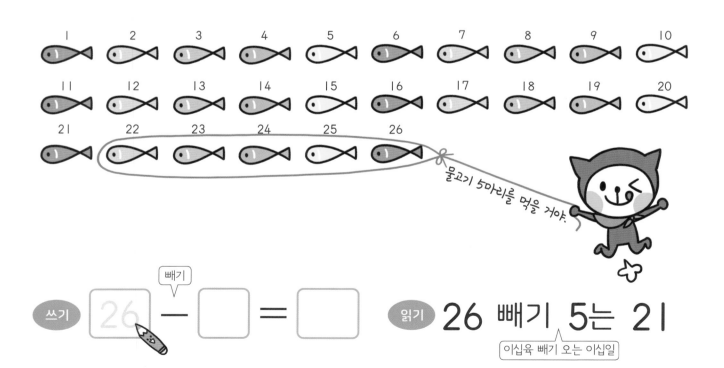

물고기 5마리를 먹을 거야.

쓰기 26 − ☐ = ☐   읽기 26 빼기 5는 21

빼기

이십육 빼기 오는 이십일

그림을 보고 뺄셈식을 완성해 보자.

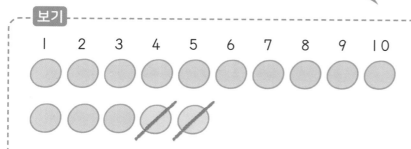

| 1 | 2 | 3 | 4 | 5 | 6 | 7 | 8 | 9 | 10 |

빼기

$15 - 2 = \boxed{13}$

| 1 | 2 | 3 | 4 | 5 | 6 | 7 | 8 | 9 | 10 |

$16 - \boxed{3} = \boxed{}$

| 1 | 2 | 3 | 4 | 5 | 6 | 7 | 8 | 9 | 10 |

$19 - \boxed{2} = \boxed{}$

| 1 | 2 | 3 | 4 | 5 | 6 | 7 | 8 | 9 | 10 |

$25 - \boxed{} = \boxed{}$

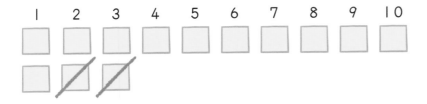

$13 - 2 = \boxed{11}$

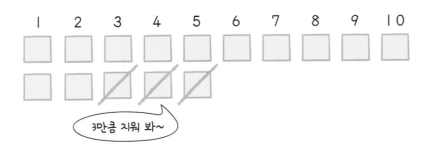

3만큼 지워 봐~

$15 - 3 = \boxed{}$

5만큼 지워 봐~

$16 - 5 = \boxed{}$

$25 - 4 = \boxed{}$

그림을 보고 뺄셈식을 완성해 보자.

$$\boxed{12} - \boxed{2} = \boxed{}$$

$$\boxed{15} - \boxed{} = \boxed{}$$

$$\boxed{19} - \boxed{} = \boxed{}$$

$$\boxed{25} - \boxed{} = \boxed{}$$

9일 20보다 큰 수에서 뺄 수 있어요 (1)

거꾸로 뛰어 세고 뺄셈을 해 보자.

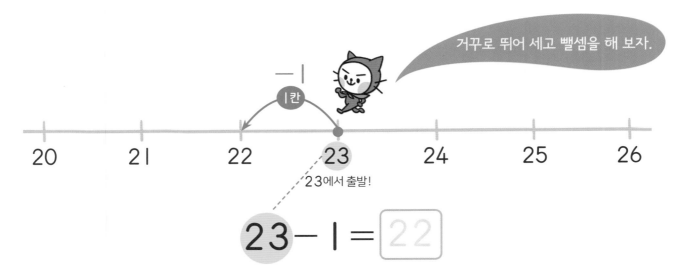

$$23 - 1 = \boxed{22}$$

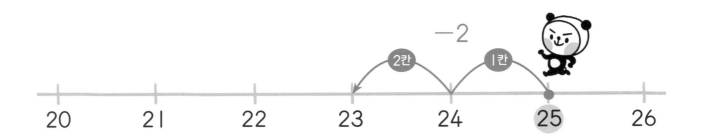

$$25 - 2 = \boxed{}$$

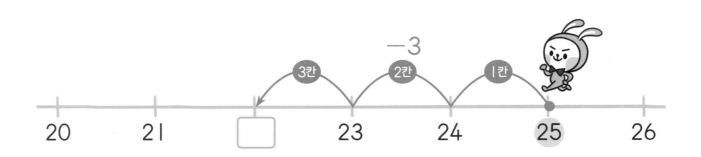

$$25 - 3 = \boxed{}$$

수직선에 ⤾ 를 그리고
뺄셈 결과로 알맞은 수에 ○해 보자.

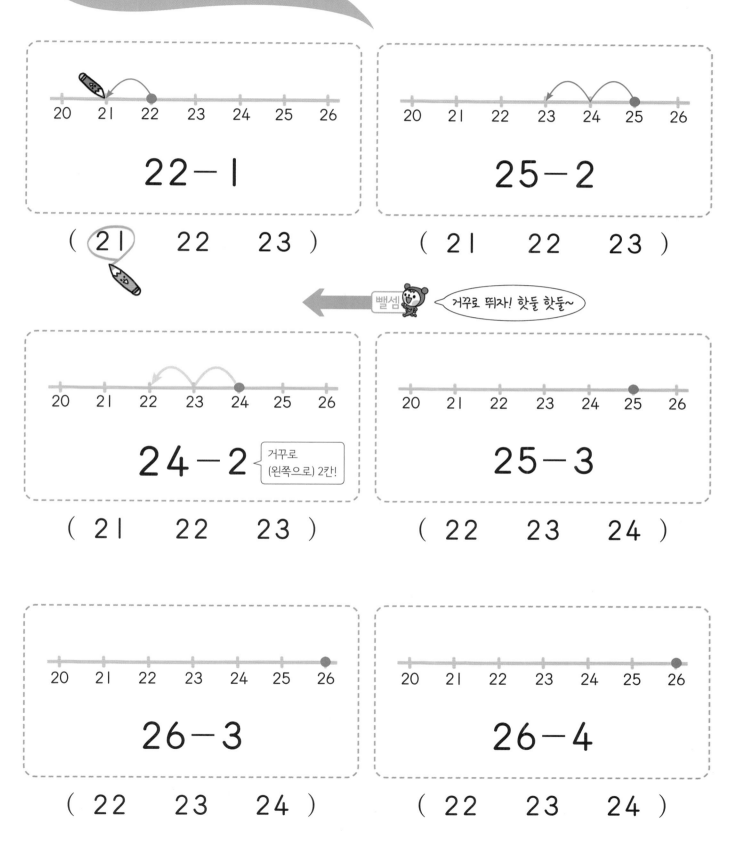

22-1

(21   22   23)

25-2

(21   22   23)

뺄셈   거꾸로 뛰자! 핫둘 핫둘~

24-2   거꾸로
(왼쪽으로) 2칸!

(21   22   23)

25-3

(22   23   24)

26-3

(22   23   24)

26-4

(22   23   24)

뺄셈을 해 보자.

22부터 거꾸로 세어 봐~ 21

$$22 - 1 = \boxed{21}$$

$$25 - 1 = \boxed{}$$

$$26 - 1 = \boxed{}$$

$$23 - 1 = \boxed{}$$

$$24 - 1 = \boxed{}$$

$$25 - 2 = \boxed{}$$

24부터 거꾸로 세어 봐~ 23 22

$$24 - 2 = \boxed{}$$

$$26 - 3 = \boxed{}$$

$$25 - 3 = \boxed{}$$

$$26 - 4 = \boxed{}$$

30부터 21까지의 수를 거꾸로 세어 써 보자.

42

두더지의 집을 찾아 ○해 보자.

43

10일 20보다 큰 수에서 뺄 수 있어요 (2)

거꾸로 뛰어 세고 뺄셈을 해 보자.

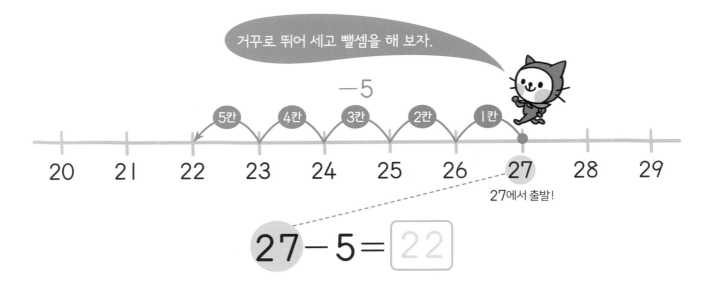

$$27-5=\boxed{22}$$

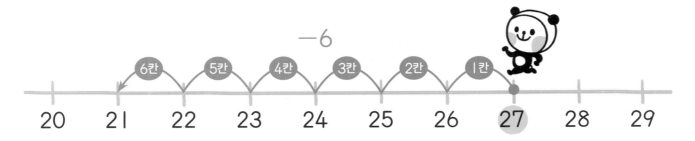

$$27-6=\boxed{}$$

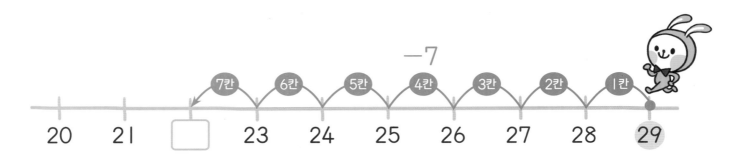

$$29-7=\boxed{}$$

빼는 수가 5, 6, 7로 커지면 거꾸로 셀 때 실수하기 쉬워요.
수직선을 하나씩 짚어 가면서 연습하도록 도와주세요.

44

수직선에 ← 를 그리고
뺄셈 결과로 알맞은 수에 ○해 보자.

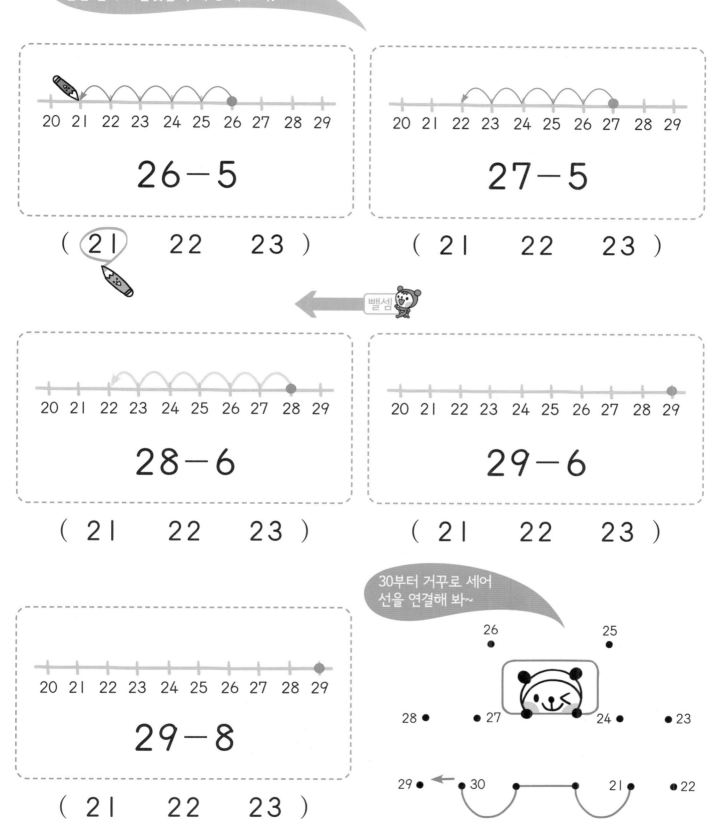

26 − 5

(**21**   22   23)

27 − 5

(21   22   23)

빼셈

28 − 6

(21   22   23)

29 − 6

(21   22   23)

29 − 8

(21   22   23)

30부터 거꾸로 세어
선을 연결해 봐~

45

뺄셈을 하고, 나온 답을 색칠해 보자.

27 − 5 = ☐

28 − 5 = ☐

29 − 5 = ☐

27 − 6 = ☐

28 − 6 = ☐

29 − 6 = ☐

28 − 7 = ☐

29 − 8 = ☐

답을 모두 색칠하면
어떤 모양이 될까?

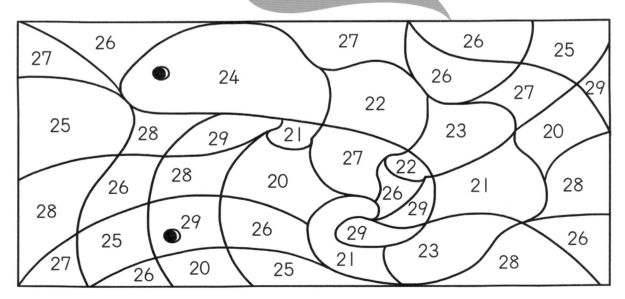

개미의 집을 찾아 ○해 보자.

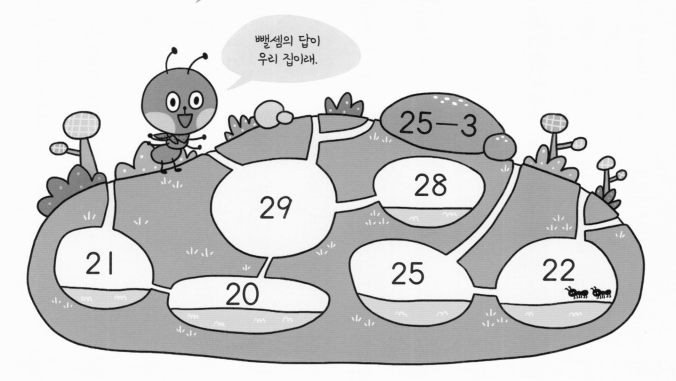

47

30보다 큰 수에서 뺄 수 있어요

거꾸로 뛰어 세고 뺄셈을 해 보자.

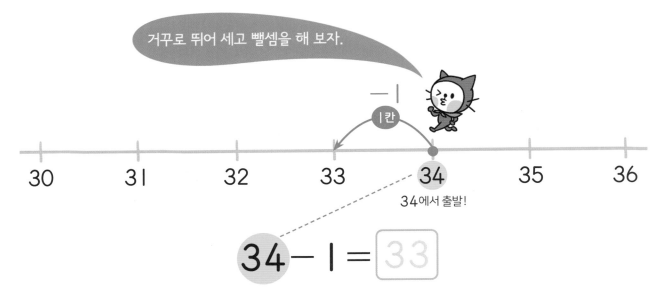

34에서 출발!

$$34 - 1 = \boxed{33}$$

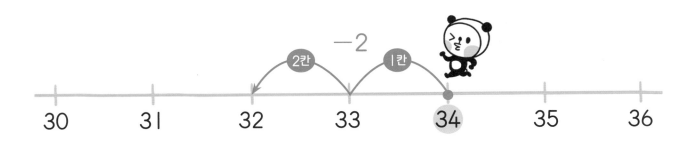

$$34 - 2 = \boxed{}$$

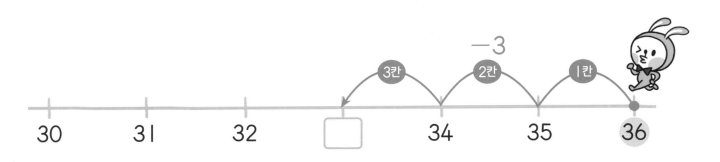

$$36 - 3 = \boxed{}$$

39부터 30까지 거꾸로 세는 연습을 하면 더 쉽게 풀 수 있어요.

수직선에 ← 를 그리고
뺄셈 결과로 알맞은 수에 ○해 보자.

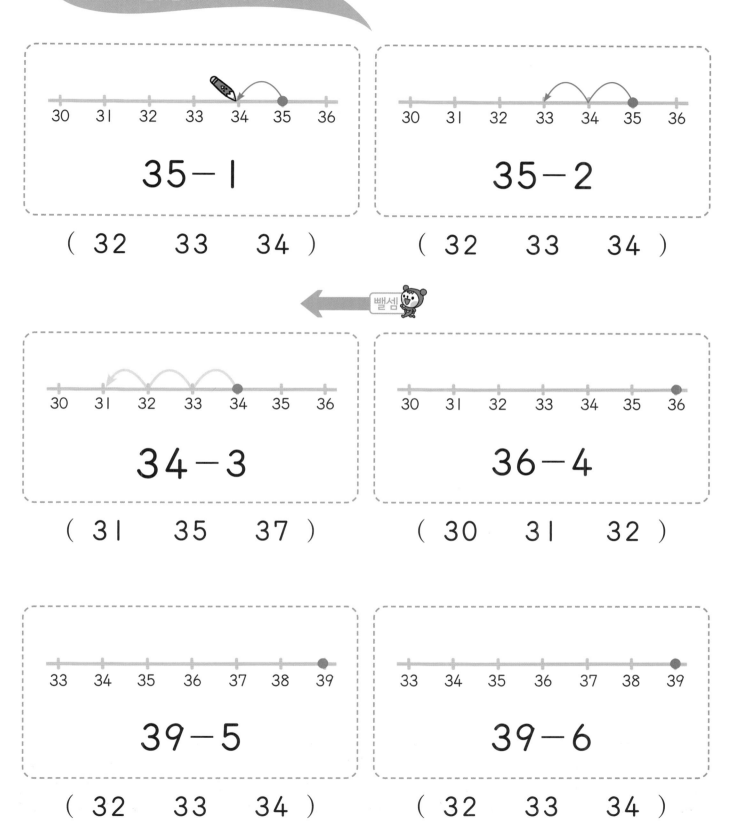

35−1

(32   33   34)

35−2

(32   33   34)

34−3

(31   35   37)

36−4

(30   31   32)

39−5

(32   33   34)

39−6

(32   33   34)

49

빼셈을 해 보자.

$$33 - 1 = \boxed{32}$$

$$34 - 3 = \boxed{}$$

$$35 - 2 = \boxed{}$$

$$35 - 4 = \boxed{}$$

$$37 - 3 = \boxed{}$$

$$37 - 4 = \boxed{}$$

$$36 - 5 = \boxed{}$$

$$38 - 3 = \boxed{}$$

$$38 - 6 = \boxed{}$$

$$39 - 7 = \boxed{}$$

40부터 31까지의 수를 거꾸로 세어 써 보자.

| 40 | 39 | 38 | 37 | 36 | 35 | 34 | 33 | 32 | 31 |

수감각 놀이!

51

12일 40보다 큰 수에서 뺄 수 있어요

거꾸로 뛰어 세고 뺄셈을 해 보자.

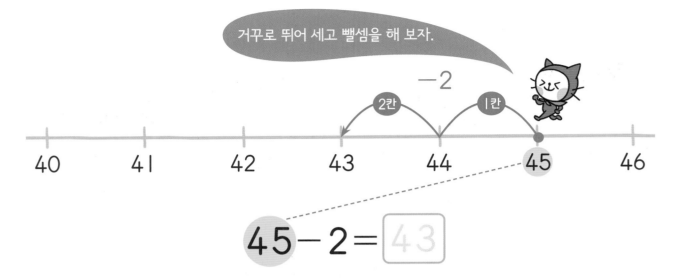

$45 - 2 = \boxed{43}$

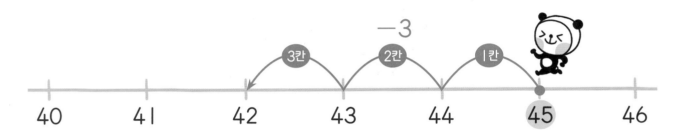

$45 - 3 = \boxed{}$

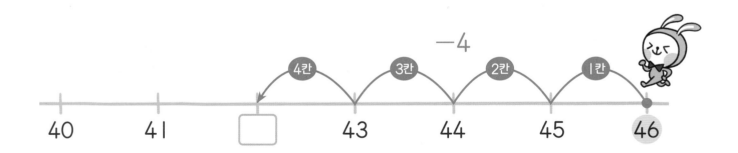

$46 - 4 = \boxed{}$

 수가 커져도 수직선에서 빼는 수만큼 하나씩 거꾸로 짚어 가면서 연습하면 어렵지 않아요.

수직선에 ← 를 그리고
뺄셈 결과로 알맞은 수에 ○해 보자.

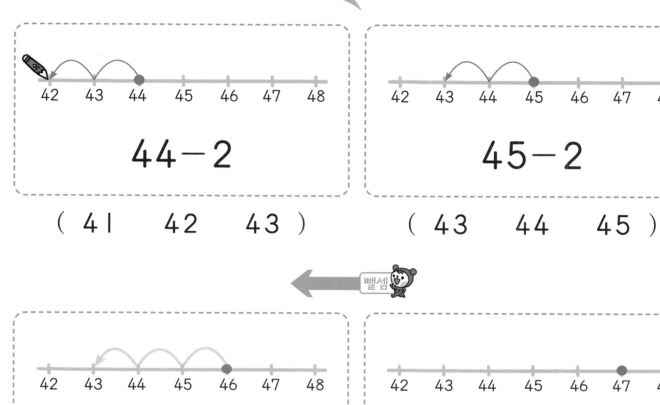

44−2

(41   42   43)

45−2

(43   44   45)

뺄셈

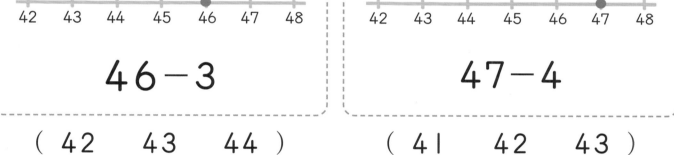

46−3

(42   43   44)

47−4

(41   42   43)

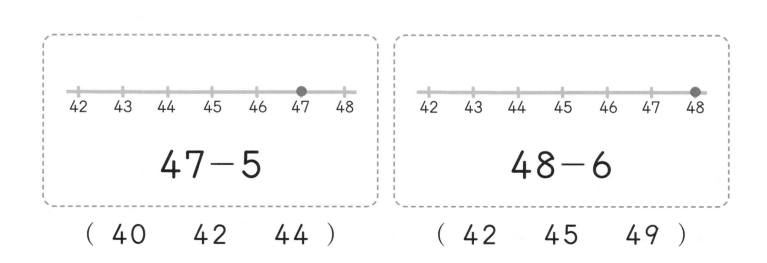

47−5

(40   42   44)

48−6

(42   45   49)

빽셈을 해 보자.

44 − $\overset{\cdot\cdot}{2}$ = 42

46 − $\overset{\cdot\cdot\cdot}{3}$ = ☐

45 − $\overset{\cdot}{1}$ = ☐

43 − $\overset{\cdot\cdot}{2}$ = ☐

47 − $\overset{\cdots\cdots}{5}$ = ☐

44 − $\overset{\cdot\cdot\cdot}{3}$ = ☐

48 − $\overset{\cdots\cdots}{5}$ = ☐

46 − $\overset{\cdots\cdot}{4}$ = ☐

49 − $\overset{\cdots\cdots\cdot}{8}$ = ☐

49 − $\overset{\cdot}{1}$ = ☐

50부터 41까지의 수를 거꾸로 세어 써 보자.

50 49 48 47 46 45 44 43 42 41

강아지의 집을 찾아 ○해 보자.

빼셈의 답이 우리 집이래.

48-6

44

42

43

45

46

빼셈을 해서 우리 집 좀 찾아 줘!

49-2

48

46

47

44

45

20, 30, 40, 50에서 뺄 수 있어요

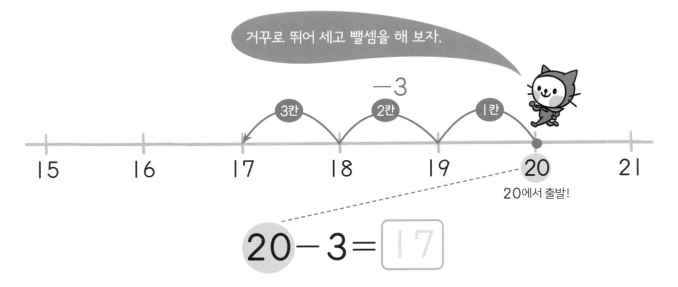

거꾸로 뛰어 세고 뺄셈을 해 보자.

$$20 - 3 = \boxed{17}$$

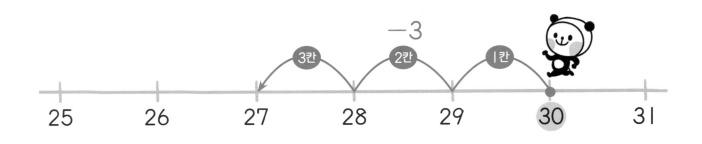

$$30 - 3 = \boxed{}$$

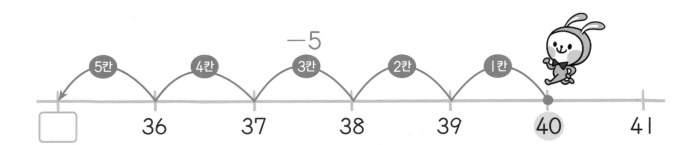

$$40 - 5 = \boxed{}$$

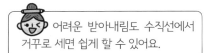

어려운 받아내림도 수직선에서 거꾸로 세면 쉽게 할 수 있어요.

수직선에 ← 를 그리고
뺄셈 결과로 알맞은 수에 ○해 보자.

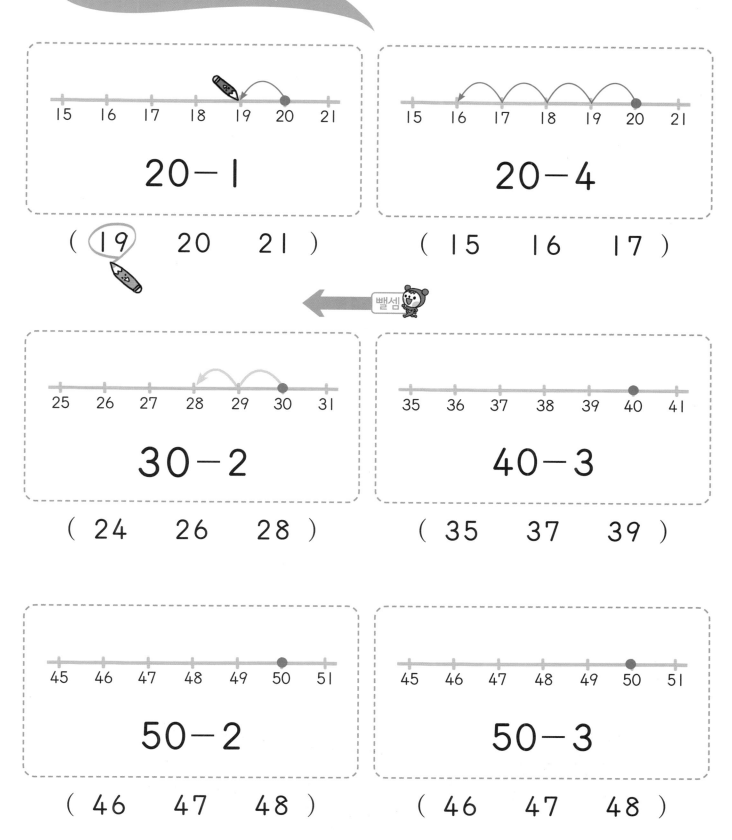

20-1

(19   20   21)

20-4

(15   16   17)

빼셈

30-2

(24   26   28)

40-3

(35   37   39)

50-2

(46   47   48)

50-3

(46   47   48)

빼셈을 해 보자.

20 − 3 = 17

20 − 4 = ☐

20 − 5 = ☐

20 − 2 = ☐

30 − 1 = ☐

30 − 2 = ☐

40 − 2 = ☐

40 − 4 = ☐

50 − 1 = ☐

50 − 3 = ☐

수를 거꾸로 써 보자!

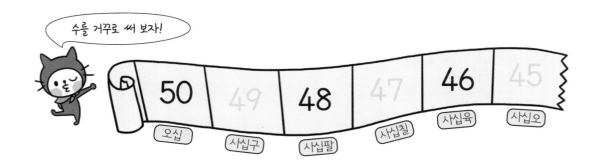

50	49	48	47	46	45
오십	사십구	사십팔	사십칠	사십육	사십오

북극곰의 빙하를 찾아 ○해 보자.

뺄셈을 해 보자.

20 − 1 = ☐   23 − 2 = ☐

22 − 1 = ☐   28 − 6 = ☐

29 − 5 = ☐   28 − 1 = ☐

24 − 3 = ☐

답이 가장 많이 나온 수에 ○해 보자.

29 − 4 = ☐

25 − 4 = ☐

24   22
21
27   25

61쪽은 답이 모두 같은 뺄셈입니다.

$31 - 0 = \boxed{}$

0은 아무것도 없는 것!

$33 - 2 = \boxed{}$

$32 - 1 = \boxed{}$

$35 - 4 = \boxed{}$

$34 - 3 = \boxed{}$

$37 - 6 = \boxed{}$

$36 - 5 = \boxed{}$

답을 찾아 ○해 보자.

$38 - 7 = \boxed{}$

34   35

33

31   32

$39 - 8 = \boxed{}$

−	21	22	23	24	25
1 →	20	21			

21 − 1 = 20

−	31	32	33	34	35
1 →	30	31			

31 − 1 = 30

−	41	42	43	44	45
1 →	40	41			

41 − 1 = 40

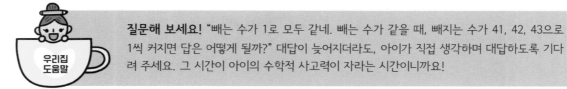

질문해 보세요! "빼는 수가 1로 모두 같네. 빼는 수가 같을 때, 빼지는 수가 41, 42, 43으로 1씩 커지면 답은 어떻게 될까?" 대답이 늦어지더라도, 아이가 직접 생각하며 대답하도록 기다려 주세요. 그 시간이 아이의 수학적 사고력이 자라는 시간이니까요!

우리집 도움말

100까지 수의 덧셈 뺄셈, 벌써 알아요!

이 책은 더해지는 수와 빼지는 수는 100까지의 수를 다루지만, 더하는 수와 빼는 수는 7살 수준에 맞추어 1부터 9까지의 수만 다룹니다.

50보다 큰 수의 덧셈은 겁을 먹고 당황할 수 있어요. 큰 수도 지금까지 연습해 온 것처럼 덧셈은 더하는 수만큼 이어 세기를 하고, 뺄셈은 빼는 수만큼 거꾸로 세기를 하면 된다고 이야기해 주세요.

수직선을 보며 계산해 봐요.

입학 전 아이들은 10보다 큰 수의 자릿값을 잘 알지 못하므로, 10보다 큰 수의 덧셈 뺄셈을 십진법으로 계산하기는 어려워요. 따라서 큰 수의 덧셈 뺄셈도 아이들에게 익숙한 '수 세기'를 바탕으로 한 '이어 세기'와 '거꾸로 세기'로 수직선을 보며 계산하도록 도와주세요.

15일 덧셈 뺄셈 기초- 50부터 100까지의 수 연습

읽으면서 따라 써 보자.

육십일	육십이	육십삼	육십사	육십오	육십육	육십칠	육십팔	육십구	칠십
61	62	63	64	65	66	67	68	69	70

이번에는 거꾸로 세어 써 보자!

구십	팔십구	팔십팔	팔십칠	팔십육	팔십오	팔십사	팔십삼	팔십이	팔십일
90	89	88	87	86	85	84	83	82	81

수 세기는 덧셈 뺄셈의 기초! 수를 순서대로 세는 것은 덧셈, 거꾸로 세는 것은 뺄셈의 기초입니다! 100까지 수의 덧셈, 뺄셈을 하기 전 수를 순서대로 쓰고 읽을 수 있는지 확인해 보세요! 거꾸로 세는 것은 어려우므로 천천히 연습시켜 주세요!

□ 안에 1 큰 수와 2 큰 수를 써 보자.

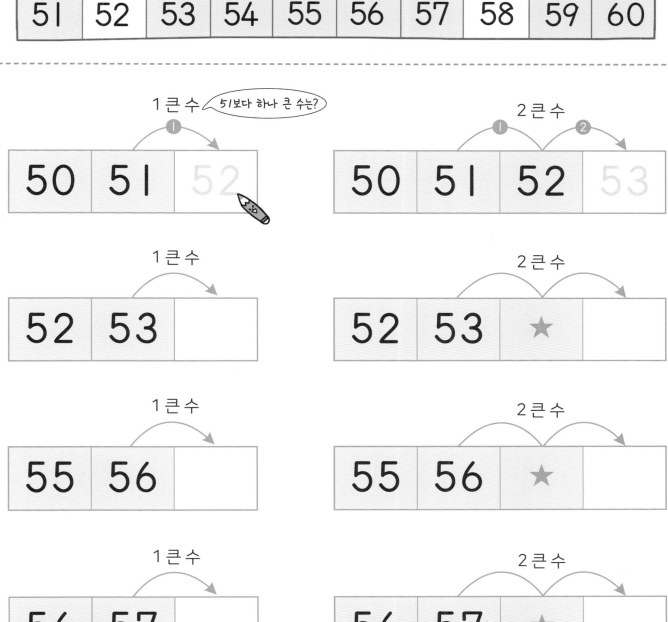

안에 1 작은 수와 2 작은 수를 써 보자.

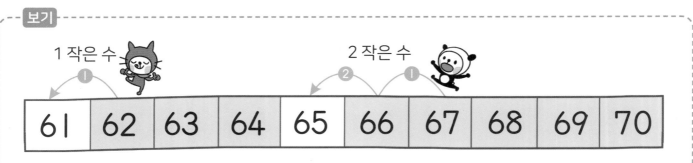

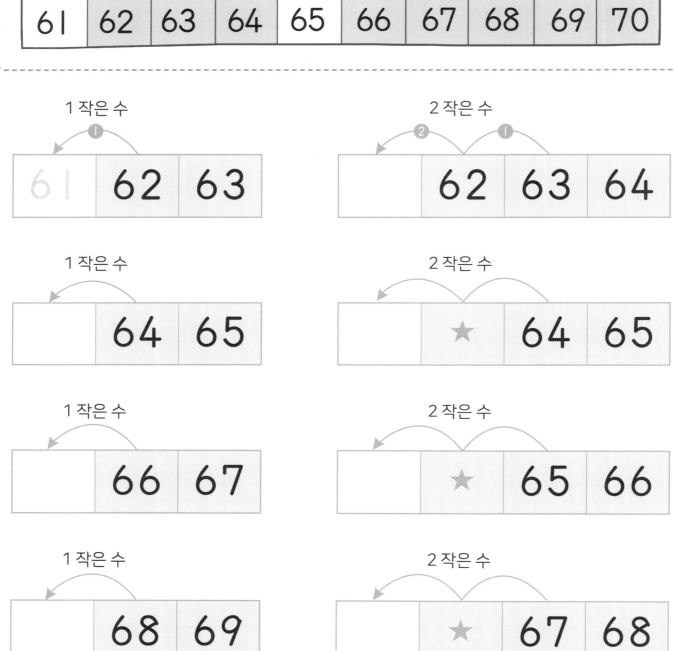

수 감각 놀이!

수의 순서에 맞게 빈칸에 수를 써 보자.

우리집
도움말

50보다 큰 수의 덧셈 뺄셈을 하기 전에, '오십일, 오십이…' 50부터 100까지의 수를 순서대로
세어 읽고, '백, 구십구…' 거꾸로도 큰 소리로 세게 해주세요.

67

16일 50보다 큰 수의 덧셈을 할 수 있어요

앞으로 뛰어 세고 덧셈을 해 보자.

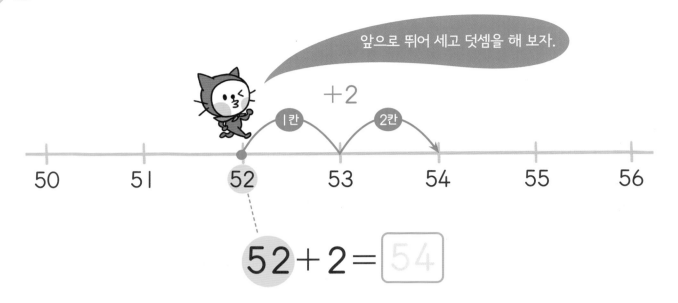

$$52+2=\boxed{54}$$

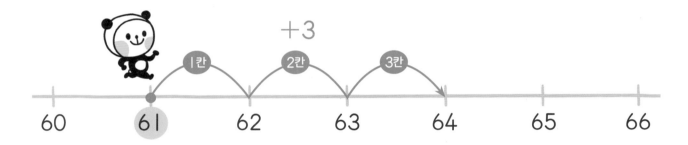

$$61+3=\boxed{}$$

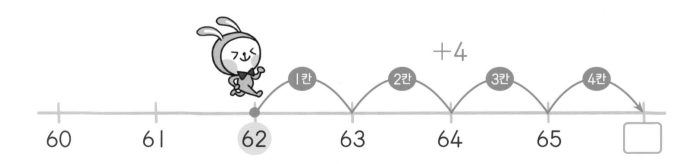

$$62+4=\boxed{}$$

수직선에 ⟶를 그리고
덧셈 결과로 알맞은 수에 ○해 보자.

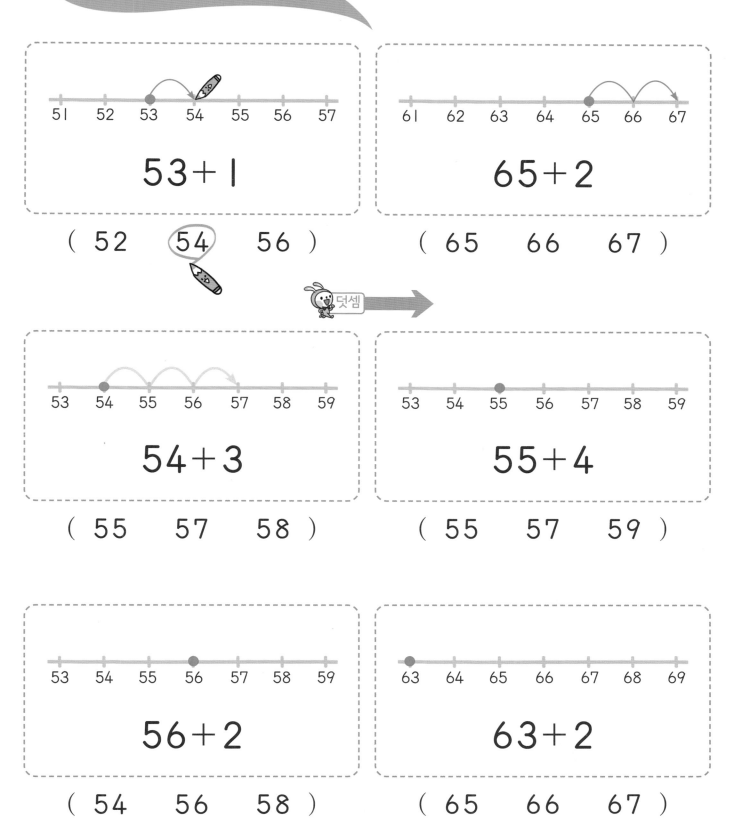

51 52 53 54 55 56 57

53+1

(52   54   56)

61 62 63 64 65 66 67

65+2

(65   66   67)

덧셈

53 54 55 56 57 58 59

54+3

(55   57   58)

53 54 55 56 57 58 59

55+4

(55   57   59)

53 54 55 56 57 58 59

56+2

(54   56   58)

63 64 65 66 67 68 69

63+2

(65   66   67)

51 + 1̇ = ☐

51 + 3⃛ = ☐

52 + 1̇ = ☐

53 + 2̈ = ☐

54 + 2̈ = ☐

55 + 4⃜ = ☐

61 + 3⃛ = ☐

61 + 4⃜ = ☐

63 + 2̈ = ☐

64 + 2̈ = ☐

순서대로 써 보자!

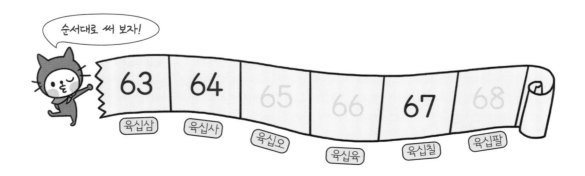

| 63 | 64 | 65 | 66 | 67 | 68 |
| 육십삼 | 육십사 | 육십오 | 육십육 | 육십칠 | 육십팔 |

이 친구는 어떤 간식을 먹게 될까?
맞는 답을 따라가 보자.

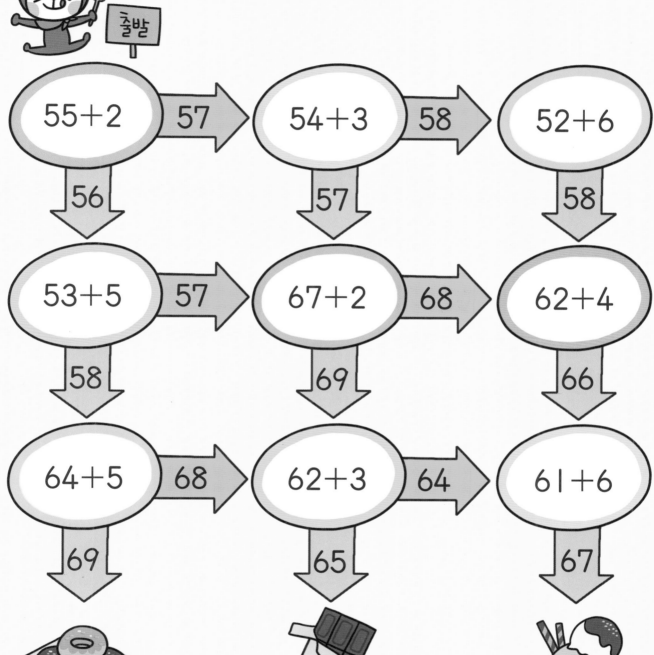

출발

55+2	→57	54+3	→58	52+6
56↓		57↓		58↓
53+5	→57	67+2	→68	62+4
58↓		69↓		66↓
64+5	→68	62+3	→64	61+6
69↓		65↓		67↓

도넛

초콜릿

아이스 크림

17일 70보다 큰 수의 덧셈을 할 수 있어요

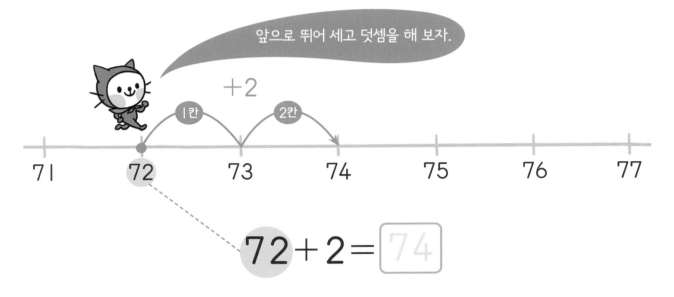

앞으로 뛰어 세고 덧셈을 해 보자.

$$72 + 2 = \boxed{74}$$

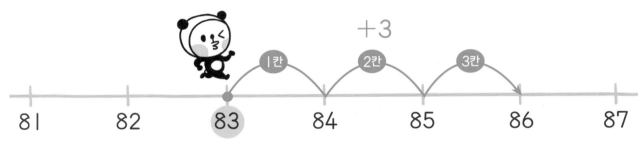

$$83 + 3 = \boxed{}$$

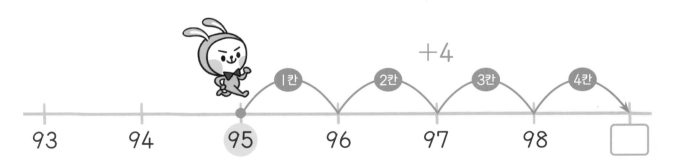

$$95 + 4 = \boxed{}$$

더해지는 수가 71부터 99 사이의 수를 다루고 있어요. 7살에게 큰 수는 익숙하지 않으므로 더하는 수는 작은 수로 연습하는 것이 좋아요.

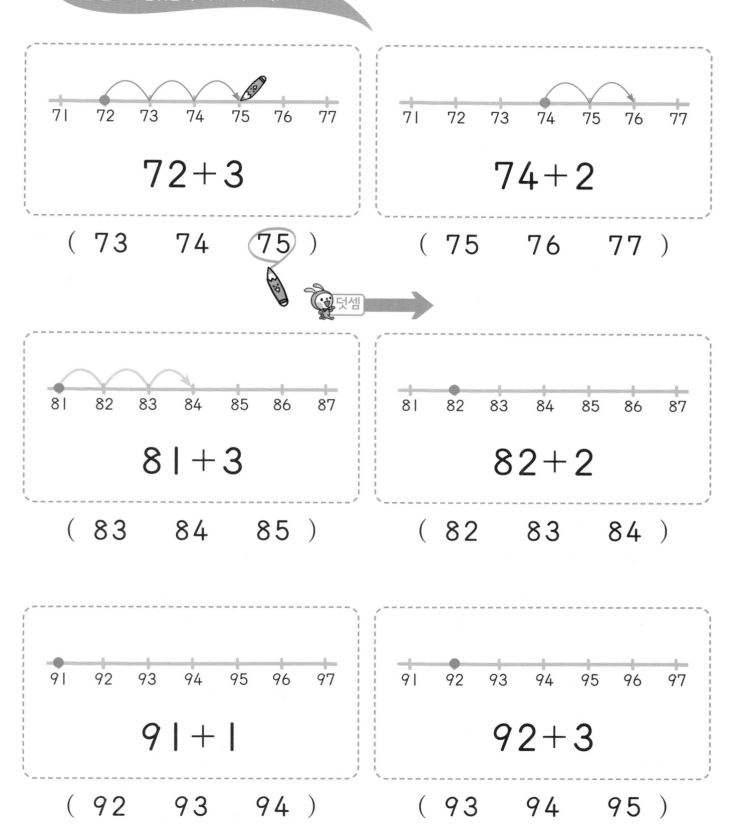

72+3

(73   74   ⃝75)

74+2

(75   76   77)

덧셈

81+3

(83   84   85)

82+2

(82   83   84)

91+1

(92   93   94)

92+3

(93   94   95)

덧셈을 하고, 나온 답을 색칠해 보자.

$77 + \ddot{2} = \boxed{}$ $78 + \dot{1} = \boxed{}$

$81 + \dddot{3} = \boxed{}$ $81 + \ddot{2} = \boxed{}$

$82 + \ddot{2} = \boxed{}$ $83 + \dot{1} = \boxed{}$

$91 + \dot{1} = \boxed{}$ $91 + \dddot{3} = \boxed{}$

답을 모두 색칠하면
어떤 모양이 될까?

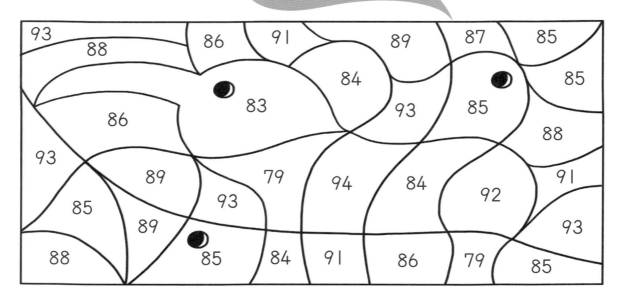

헬리콥터가 찾는 구름을
찾아 ○해 보자.

71+6

76+3

75+3

72+5

78

83+4

87+2

86+2

85+3

89

75

18일 50보다 큰 수의 뺄셈을 할 수 있어요

거꾸로 뛰어 세고 뺄셈을 해 보자.

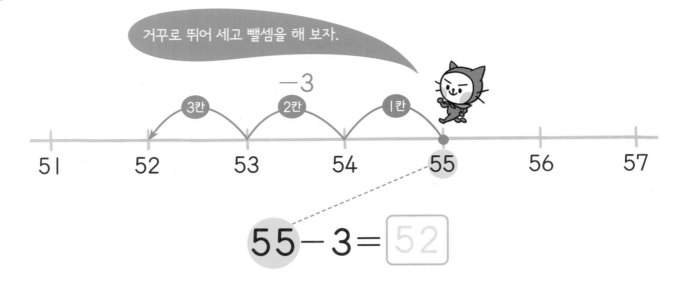

$$55 - 3 = \boxed{52}$$

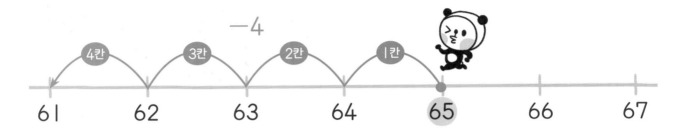

$$65 - 4 = \boxed{}$$

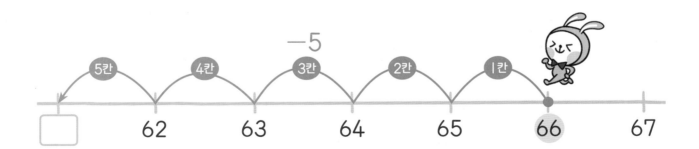

$$66 - 5 = \boxed{}$$

7살에게 큰 수의 뺄셈은 어려우므로, 빼는 수는 작은 수 위주로 연습시켜 주세요.

수직선에 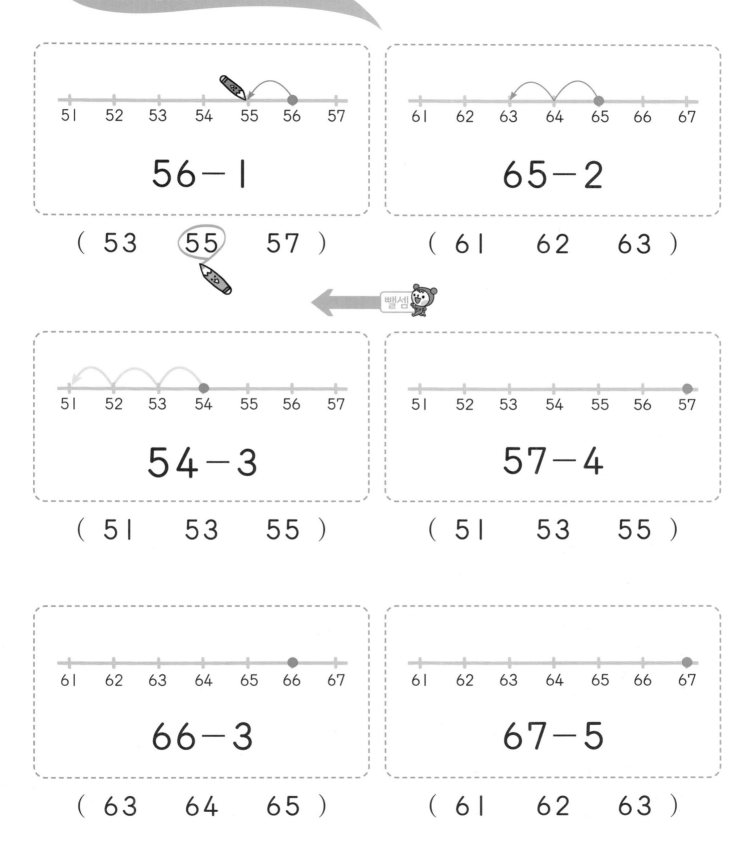를 그리고
뺄셈 결과로 알맞은 수에 ○해 보자.

56 - 1

(53   ⬭55   57)

65 - 2

(61   62   63)

빼셈

54 - 3

(51   53   55)

57 - 4

(51   53   55)

66 - 3

(63   64   65)

67 - 5

(61   62   63)

뺄셈을 하고, 나온 답을 색칠해 보자.

54 − 1 = ☐   56 − 3 = ☐

55 − 3 = ☐   56 − 5 = ☐

62 − 1 = ☐   64 − 3 = ☐

67 − 5 = ☐   66 − 2 = ☐

답을 모두 색칠하면
어떤 모양이 될까?

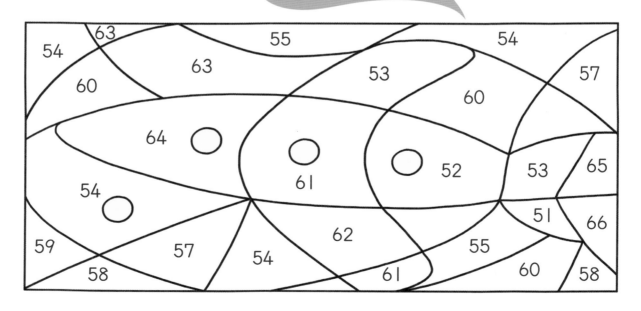

78

동물 친구들이 타야 할
케이블카를 찾아 ○해 보자.

19일 70보다 큰 수의 뺄셈을 할 수 있어요

거꾸로 뛰어 세고 뺄셈을 해 보자.

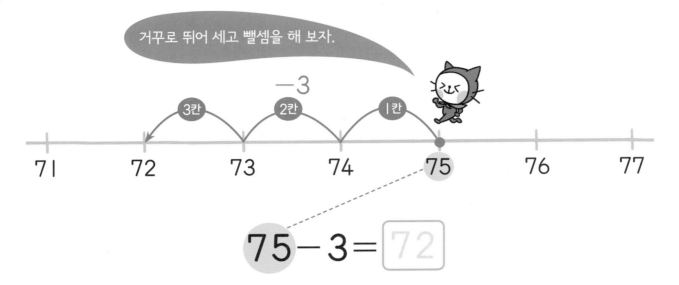

$75 - 3 = \boxed{72}$

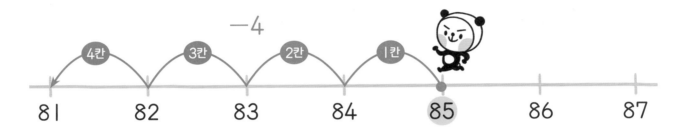

$85 - 4 = \boxed{}$

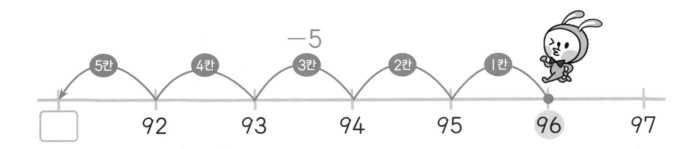

$96 - 5 = \boxed{}$

 수가 커져도 수직선에서 빼는 수만큼 거꾸로 하나씩 짚어 가면서 연습하면 어렵지 않아요.

수직선에 ← 를 그리고
뺄셈 결과로 알맞은 수에 ○해 보자.

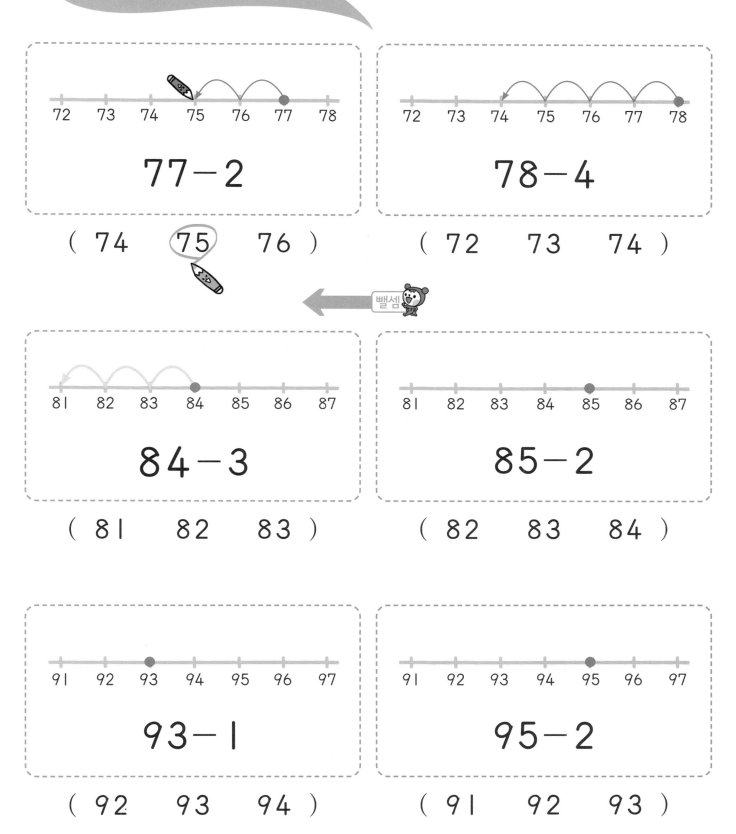

77 − 2

(74   75   76)

78 − 4

(72   73   74)

84 − 3

(81   82   83)

85 − 2

(82   83   84)

93 − 1

(92   93   94)

95 − 2

(91   92   93)

뺄셈을 해 보자.

$73 - \dot{1} = \boxed{72}$ $75 - \overset{\cdots}{3} = \boxed{}$

$76 - \overset{\bullet\bullet\bullet\bullet\bullet}{5} = \boxed{}$ $74 - \overset{\cdot\cdot}{2} = \boxed{}$

$82 - \dot{1} = \boxed{}$ $83 - \overset{\cdot\cdot}{2} = \boxed{}$

$88 - \overset{\bullet\bullet\bullet\bullet\bullet}{5} = \boxed{}$ $87 - \overset{\bullet\bullet\bullet\bullet}{4} = \boxed{}$

$97 - \overset{\cdot\cdot}{2} = \boxed{}$ $94 - \dot{1} = \boxed{}$

수를 거꾸로 써 보자!

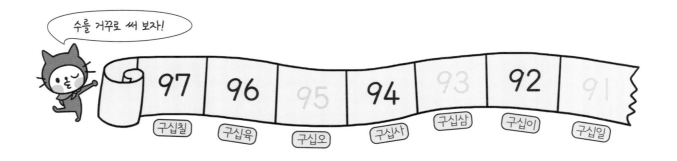

97	96	95	94	93	92	91
구십칠	구십육	구십오	구십사	구십삼	구십이	구십일

이 친구는 어떤 선물을 받게 될까?
맞는 답을 따라가 보자.

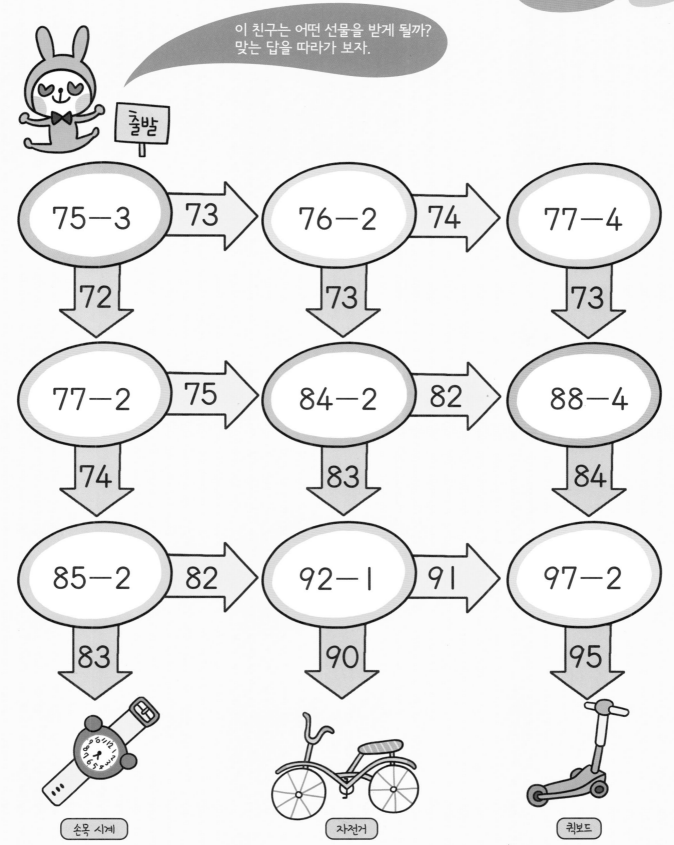

출발

75−3 →73	76−2 →74	77−4
↓72	↓73	↓73
77−2 →75	84−2 →82	88−4
↓74	↓83	↓84
85−2 →82	92−1 →91	97−2
↓83	↓90	↓95

손목 시계

자전거

퀵보드

83

덧셈을 해 보자.

$51 + 2 =$ ☐ $53 + 2 =$ ☐

$56 + 1 =$ ☐ $55 + 3 =$ ☐

$64 + 2 =$ ☐ $62 + 4 =$ ☐

$66 + 3 =$ ☐ $71 + 5 =$ ☐

$74 + 3 =$ ☐ 덧셈 결과는 같을까? 다를까? $84 + 3 =$ ☐

$94 + 2 =$ ☐ $92 + 4 =$ ☐

뺄셈을 하고, 나온 답을 색칠해 보자.

54 - 1 = ☐   57 - 3 = ☐

63 - 2 = ☐   66 - 4 = ☐

68 - 3 = ☐   73 - 1 = ☐

85 - 3 = ☐   96 - 4 = ☐

답을 모두 색칠하면
어떤 모양이 될까?

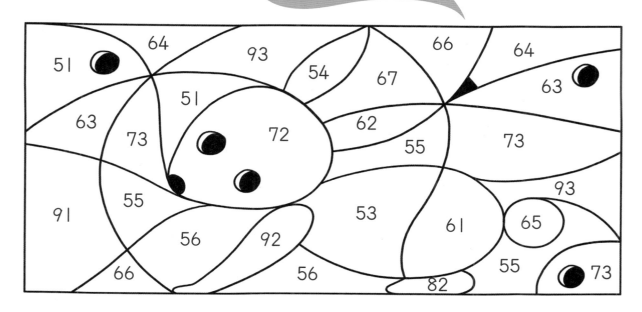

수 감각 놀이!

강아지가 보물을 찾을 수 있도록
맞는 답을 따라가 보자.

우리집
도움말

어느새 3권 100까지 수의 덧셈 뺄셈 학습이 마무리되었습니다. 한 권을 끝까지 풀어 낸 아이
를 꼭 안고 칭찬해 주세요.
예 "책 한 권을 끝까지 다 풀다니, 엄마는 우리 OO가 정말 기특하고 자랑스러워!"

7살 첫수학

3 100까지 수의 덧셈 뺄셈

정답

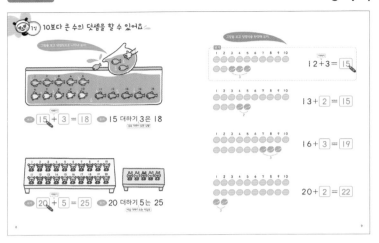

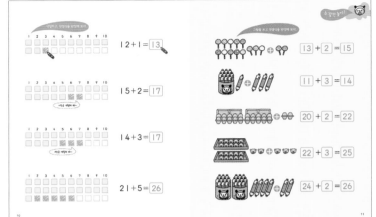

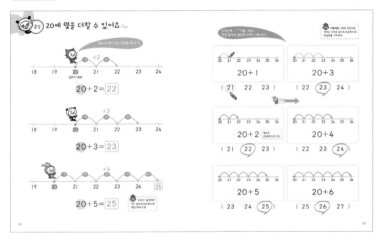

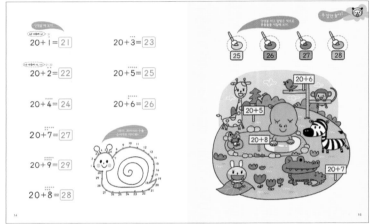

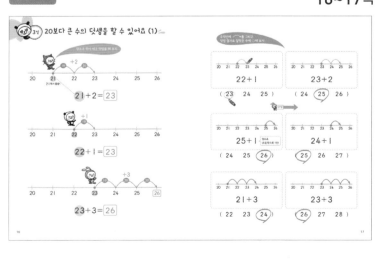

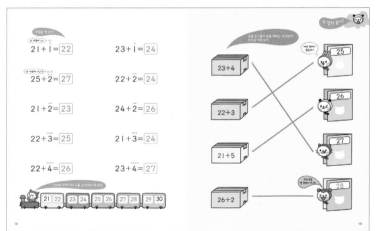

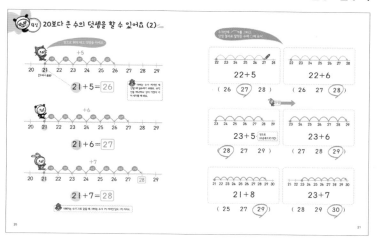

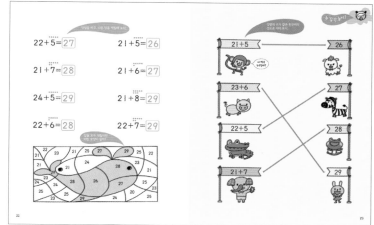

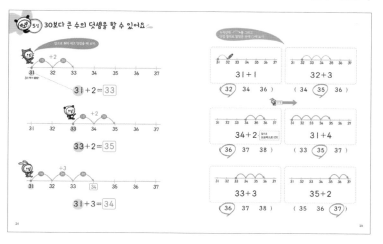

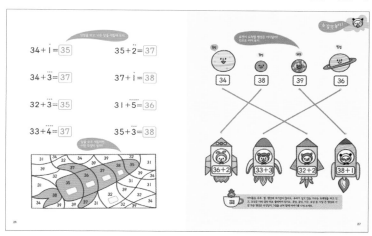

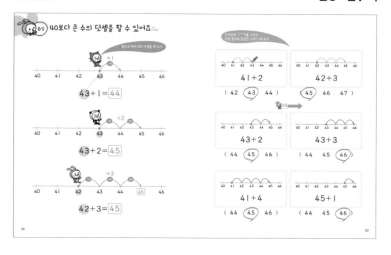

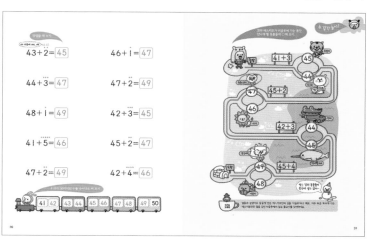

32~33쪽

34쪽

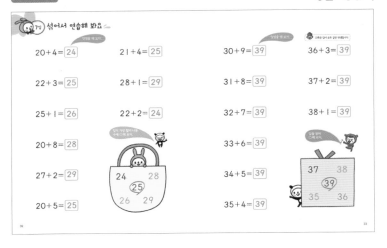

$20+4=\boxed{24}$ $21+4=\boxed{25}$

$22+3=\boxed{25}$ $28+1=\boxed{29}$

$25+1=\boxed{26}$ $22+2=\boxed{24}$

$20+8=\boxed{28}$

$27+2=\boxed{29}$

$20+5=\boxed{25}$

$30+9=\boxed{39}$ $36+3=\boxed{39}$

$31+8=\boxed{39}$ $37+2=\boxed{39}$

$32+7=\boxed{39}$ $38+1=\boxed{39}$

$33+6=\boxed{39}$

$34+5=\boxed{39}$

$35+4=\boxed{39}$

+	21	22	23	24	25
1 →	22	23	24	25	26

+	31	32	33	34	35
2 →	33	34	35	36	37

+	41	42	43	44	45
3 →	44	45	46	47	48

50까지 수의 덧셈, 벌써 알아요!

36~37쪽

38~39쪽

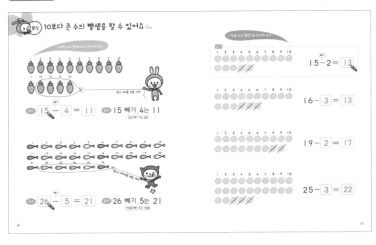

$15-4=\boxed{11}$ 15 빼기 4는 11

$26-5=\boxed{21}$ 26 빼기 5는 21

$15-2=\boxed{13}$

$16-3=\boxed{13}$

$19-2=\boxed{17}$

$25-3=\boxed{22}$

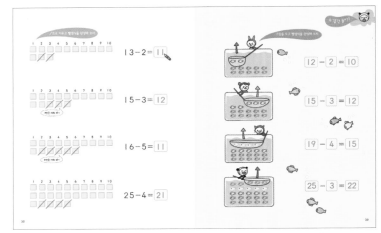

$13-2=\boxed{11}$

$15-3=\boxed{12}$

$16-5=\boxed{11}$

$25-4=\boxed{21}$

$12-2=\boxed{10}$

$15-3=\boxed{12}$

$19-4=\boxed{15}$

$25-3=\boxed{22}$

40~41쪽

42~43쪽

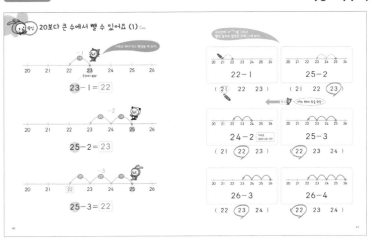

$23-1=\boxed{22}$

$25-2=\boxed{23}$

$25-3=\boxed{22}$

$22-1$ (21 22 23)

$25-2$ (21 22 23)

$24-2$ (21 22 23)

$25-3$ (22 23 24)

$26-3$ (21 23 24)

$26-4$ (22 23 24)

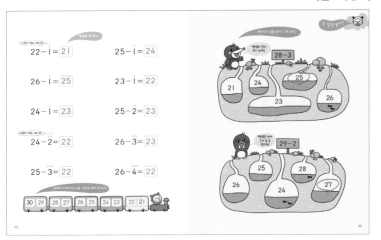

$22-1=\boxed{21}$ $25-1=\boxed{24}$

$26-1=\boxed{25}$ $23-1=\boxed{22}$

$24-1=\boxed{23}$ $25-2=\boxed{23}$

$24-2=\boxed{22}$ $26-3=\boxed{23}$

$25-3=\boxed{22}$ $26-4=\boxed{22}$

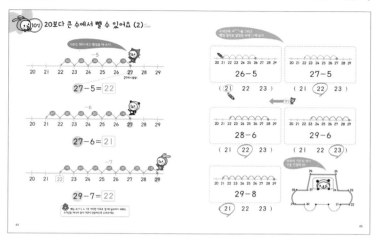

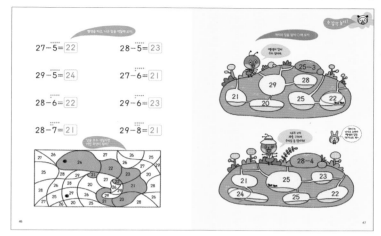

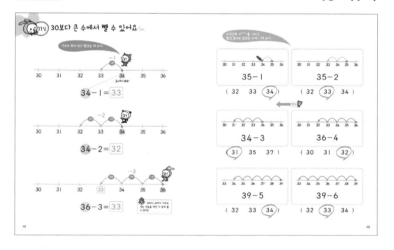

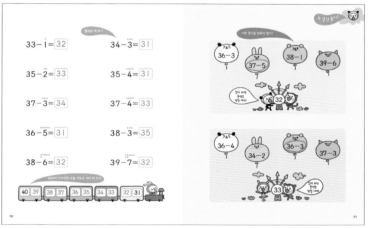

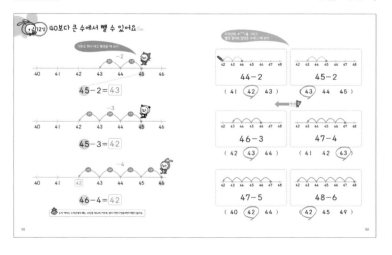

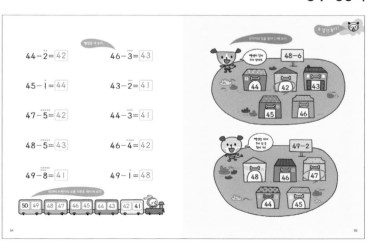

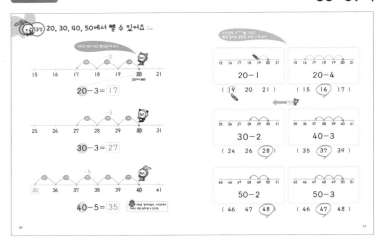

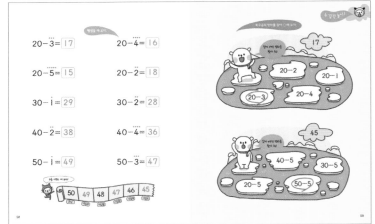

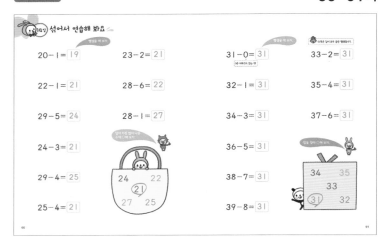

50까지 수의
뺄셈,
벌써 알아요!

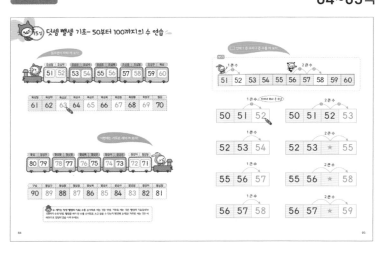

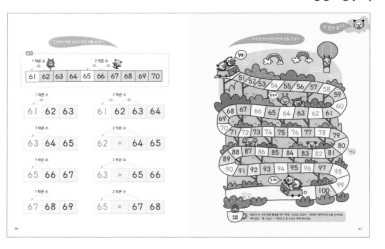

68~69쪽

70~71쪽

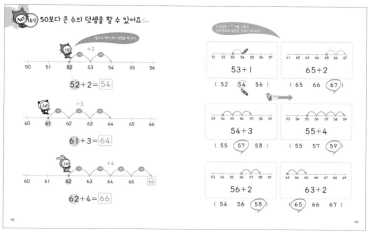

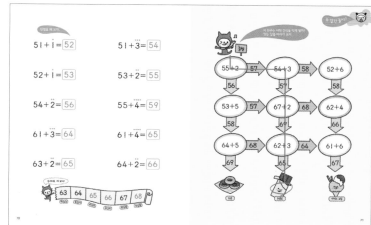

72~73쪽

74~75쪽

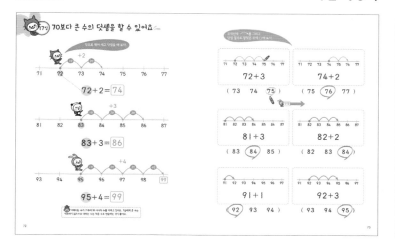

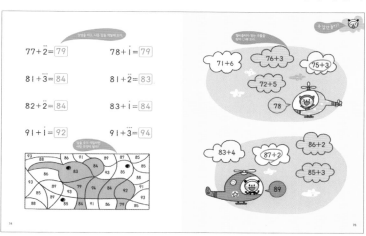

76~77쪽

78~79쪽

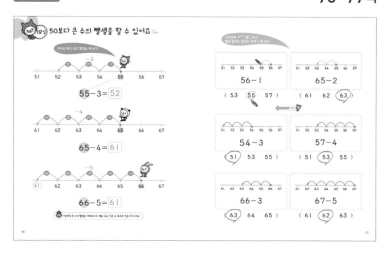

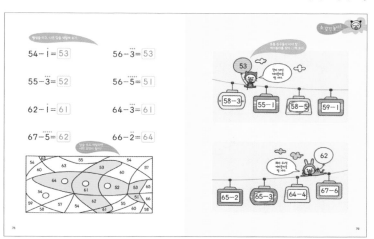

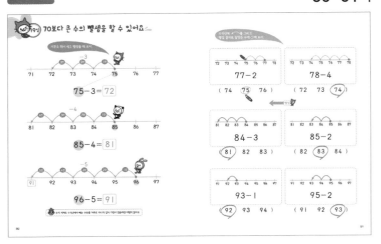

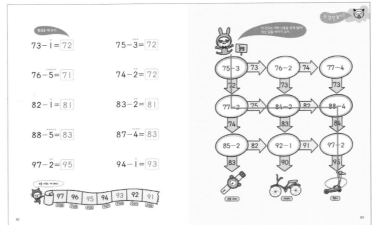

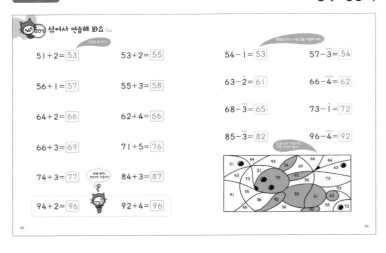

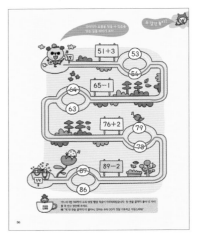

100까지 수의
덧셈 뺄셈,
벌써 알아요!

알찬 교육 정보도 만나고 출판사 이벤트에도 참여하세요!

1. 바빠 공부단 카페

cafe.naver.com/easyispub

네이버 '바빠 공부단' 카페에서 함께 공부하세요!
책 한 권을 다 풀면 다른 책 1권을 드리는 '바빠 공부단(상시 모집)' 제도도 있어요!

2. 인스타그램 + 카카오 플러스 친구

@easys_edu   이지스에듀 검색!

'이지스에듀' 인스타그램을 팔로우하세요!
바빠 시리즈 출간 소식과 출판사 이벤트, 구매 혜택을 가장 먼저 알려 드려요!

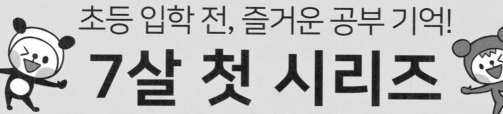

초등 입학 전, 즐거운 공부 기억!
7살 첫 시리즈

 7살 첫 국어 시리즈 | 1학년 교과서 낱말로 한글 쓰기 완성!

15년 동안 인정받은 **분당 영재사랑 교육연구소의 지도 비법**을 담았어요!

각 권 9,000원   전 2권 세트 16,000원

 **7살 첫 수학 시리즈 |** 100까지의 수 세기와 덧셈 뺄셈, 시계와 달력

초등 입학 전 **아이들이 반드시 경험해야 할 수 활동들**을 제공합니다.

—초등 교과서 집필진, 김진호 교수님

각 권 8,000원 | 전 4권 세트(+시계 보기 벽보) 31,000원